（明）吴从先 著

闫荣霞 评注

精装典藏本

小窗自纪

北方联合出版传媒(集团)股份有限公司

万卷出版公司

© （明）吴从先 2015

图书在版编目（CIP）数据

小窗自纪：精装典藏本 /（明）吴从先著；闫荣霞
评注．-- 沈阳：万卷出版公司，2015.8
ISBN 978-7-5470-3740-9

Ⅰ．①小… Ⅱ．①吴… ②闫… Ⅲ．①人生哲学－中
国－明代②《小窗自纪》－通俗读物 Ⅳ．① B825-49

中国版本图书馆 CIP 数据核字（2015）第 168698 号

小窗自纪：精装典藏本

责任编辑	李　婧
出 版 者	北方联合出版传媒（集团）股份有限公司
	万卷出版公司
地　　址	沈阳市和平区十一纬路 29 号　邮编：110003
联系电话	024-23284090　010-57454988
经　　销	各地新华书店
印　　刷	北京市燕鑫印刷有限公司
版　　次	2015 年 8 月第 1 版
印　　次	2015 年 8 月第 1 次印刷
成品尺寸	170mm×240mm
印　　张	19
字　　数	240 千字
书　　号	978-7-5470-3740-9
定　　价	36.00 元

目录

第一则

客有耽枯寂^①者，余语之云："瘦到梅花应有骨，幽同明月且留痕。"

【注释】

①枯寂：像枯木一般没有生机的枯燥寂静，指学道之心不起波澜。明·唐顺之《赠都督万鹿园次思节韵》有"几年枯寂学全真"句。

【译文】

客人有沉溺于干枯和死寂的，我对他说："即使是清瘦到了梅花一样的地步，也应该具有骨气；纵然是幽静到了明月的地步，也要留下一些痕迹。"

【评点】

因为有人一味追求干枯死寂，作者不以为然，以梅花和明月作比，说梅花瘦而有骨，明月幽而留痕，以此来说明做人不可走极端的道理。

佛门中人最讲清心和寂，这耽于枯寂的做法，恐怕也是从对佛门的误解中来。释迦牟尼菩提树下打坐七七四十九天方悟大道，始创佛教；又相传达摩面壁九年始破壁，创立禅宗。所以佛门弟子给人的印象就是低眉敛目，静心如水，不起波澜。但是，佛家又最忌"枯木顽空"，看似解脱，不受世情束缚，殊不知却堕入黑暗的解脱深坑，一味执迷于空，把空变成了束缚性灵和生趣的锁链。如到这个地步，"春眠不觉晓，处处闻啼鸟。夜来风雨声，花落知多少？"的妙诗所含之境，也必见无所见，闻无所闻，思无所思，想无所想。那饱足沉酣的春眠，啾啾鸣叫的啼鸟不值得回味与倾听；潇潇的春雨、飒飒的风，和雨打春花落满地的景象，也不值得心驰神往地想象。试想，若到此地步，心脏跳动没有波峰波谷，只是一条直线，还有什么生趣可言？

于是佛家师父警告弟子，修行时不要堕入枯木顽空。对于常人来说，修心也要注意不要堕于枯寂。枯寂给人的感觉，就是一个人把自己缩成一团，切断和外界的所有联系，不再关心父母手足的亲情，不再流连人间的朋友与爱人，也开始漠视仇人，进而扩大到漠视世间一切的风景。耽于枯寂者，本心是好的，想要把自己修炼成一枚圆满自足、内有风雷的蛋，却忘记了人活世间，使命就是要和这个世界发生千丝万缕的关联。若没有外在种种作为原料，风雷又怎么能自己从内心生发？人必得在与世间的种种关系中，确定自己的所在，以及自己是谁，即唯有透过你与其他人、地及事件的关系，你才能存在于宇宙里。

所以，我们尽可以追求"空"，追求"寂"，却不是顽空的空和枯木一般没有生机的寂。只是世情发生，能够关心它的同时，知道世情不过是一场戏，而我们自己也不过同为看戏的人与唱戏的人，最终戏会散场，观众星散，唯留朗月照着天地间。于是，当人们都热血沸腾的时候，你的心底有一角始终是清凉的、安静的，就像一树瘦梅，劲着筋骨，开着白花；又像一轮圆月，白着一张脸，倒映寒潭。"不知江月待何人，但见长江送流水。江月年年只相似，人生代代无穷已。"

活于世情而出离世情，热爱人间而稍离人间，这大概方才算得寂而不寂，空而不空；否则，就会做了"江国春风吹不起，鹧鸪啼在深花里。三级浪高鱼化龙，痴人犹戽夜塘水"里那个还傻傻地戽夜塘水妄想成佛的痴人。

第二则

雅乐①所以禁淫，何如溪响、松声，使人清听自远；黼黻②所以御暴，何如竹冠、兰佩，使人物色俱闲。

【注释】

①雅乐：雅，正也。雅乐，即典雅纯正的音乐，是一种古代的汉族宫廷音乐，指帝王朝庆贺、祭祀天地等大典所用的音乐。《论语·阳货》："恶郑声之乱雅乐也。"

②黼黻（fǔfú）：泛指礼服上所绣的华美花纹。《晏子春秋·谏下十五》："公衣黼黻之衣，素绣之裳，一衣而王采具焉。"黼，古代礼服上黑白相间的斧形花纹。黻，古代礼服上青黑相间的花纹。

【译文】

用在郊庙祭祀当中的音乐，能够用来禁止人们的淫荡与放肆；但是，它又怎么能比得上溪水的流响和松涛的振声让人听觉清净辽远，忘记一己之私？人们穿着有美丽花纹的盛大礼服，目的是防止崇尚暴力，但是，它又怎么能比得上佩戴竹冠，以兰草为佩可以使人悠闲自远？

【评点】

郊庙祭祀，慎终追远；黄钟大吕，肃穆庄严，所以雅乐能够禁止人们心中的邪淫。但是，这也只是一时的作用，生活中声色犬马，会很快消解雅乐的影响，使人耽于追欢买笑，淫乐奢靡。所以，雅乐远远比不上自然中溪流的响声与阵阵的松涛，若能时常郊外走走，清泉濯足，倚松而坐，更能够使人情怀响亮清通，不受邪淫魅惑。大自然好像大海，可以轻易涤荡人心中的污垢，使人的情操自然而然得到提升。农耕朝代的人离土地近，离天空近，离山川近，所以就离市侩远，离狡诈远，离小气远，离毒狠远，离淫念远。

官员上朝或者人们举行盛大仪式时所穿的礼服，上面刻画着许多有名目的花纹，目的是为了防止人们崇尚暴力，使人们自觉讲究文明。但是，若为达这样的目标而穿这样花纹的衣服，倒不如戴竹做的冠，佩以兰草，竹木兰草的朴质与清香自然会使人心地安闲。人类社会自从进入私有制时代，私心私欲就日渐膨胀，终朝只恨聚无多。越是宫室富丽之地，拼斗争较愈盛，即使穿着再华丽的衣服，也禁止不了人们心中的暴念，所以宫廷历来都是争名逐利的藏垢纳污之地，血污宫掖的事件也层出不穷；民间也为蝇头小利打破脑袋，演出种种暴力戏码。屈原看不惯此种情形，干脆"朝饮木兰之坠露兮，夕餐秋菊之落英……擥木根以结茝兮，贯薜荔之落蕊"。又"制芰荷以为衣兮，集芙蓉以为裳。不吾知其亦已兮，苟余情其信芳"。虽然他未必真的饮露餐英，制芰荷之衣，着芙蓉为裳，但是他亲近自然是真的，好像一颗在世俗红尘中被锻打得焦灼不堪的心，本能地向往宁静净洁的自然。

所以，还是应该和人群稍稍拉开一点距离，稍稍亲近一点自然。当一个人的心灵与大自然的天籁之音能够和谐共振，即使听不懂气势恢宏的雅乐又有什么关系？能够欣赏花木竹兰的清幽婉芬，即使不穿象征意义深远的华服又有何干？溪声、松风、竹枝、兰叶自然使人心地清芬。

第三则

"侠"之一字，昔以之加意气①，今以之加挥霍，只在气魄②、气骨③之分。

【注释】

①意气：谓志向与气概，也指精神、神色、志趣等。

②气魄：原来比喻气势惊人、胆识过人，此处指表现在表面上的气势。

③气骨：原指作品的气势和骨力或气概，此处指人发自内心的气度。

【译文】

"侠"这个字，过去把它用来表示激昂的意气，现在把它用来表示随心所欲、恣意妄为，这二者的区别只在后者显示的是表面的气势，前者显示的却是发自内心的气度。

【评点】

最初，"侠"字见于《韩非子·五蠹》篇："儒以文乱法，侠以武犯禁。"意思是说侠士凭借着自己的勇武和暴力干犯律例，不遵社会规则。可见韩非子对于这种侠客行径是持不赞同意见的。

不过，"侠"之一字，也当一分为二：若是意气激昂，锄奸惩恶，便是好的；若是横行霸道，唯我独尊，那便枉称一个"侠"字。武侠小说的世界里，多的是像郭靖、乔峰这样的大侠客，他们一腔热血，满心忠义，所到之处，受人景仰。更可贵的是，他们做任何事都是出于本心，而不是受做给大众看的表现欲指使，所以骨子里透着高贵。如今我们推崇"推销""表现"和各种形式的"秀"，甚至一边做着善行，一边还要事先通知媒体来报道自己，以提升知名度，这样的做法，看似也带扶助弱小的侠气，却是伪侠而已——因为你不是为的别人，而是为的自己。

另外，真正的侠士总是孤独的，啸聚丛林，和一大帮兄弟吃吃喝喝，打家劫舍，那不是侠，是盗，是贼。有着行侠情怀的人，面对着肮脏不堪的浊世，对于自身有着清醒而带悲剧意味的认知，所以通常会一个人孜孜不倦地追求境界提升的同时，心怀悲凉的谦卑。所以，如果一个人心怀善念，扶危济困，哪怕自己只有一块干粮，也肯让给饥饿的人吃，而不是拿着刀剑去抢别人的饭，这样的人哪怕武功再逊，甚至一无所长，也带侠气，是真正的侠士。

当然，现代社会里的侠气，与舞刀弄剑、以武犯禁无关。

第四则

风流无用，榆钱①不会买宫腰②；笔砚有灵，书带③亦能邀翰墨。

【注释】

①榆钱：榆树的种子，因其外形圆薄如钱币，故而得名。

②宫腰：也称"楚腰"。《韩非子》有云："楚灵王好细腰，而国中多饿人。"

③书带：即书带草，又称"沿阶草"，本名麦冬，质柔韧，可搓绳捆书。

【译文】
有上佳的仪态风度是没有用处的，因为没有真正的钱财，只凭树上的榆钱怎么能买到美貌如花、楚腰纤细的美人呢？纸笔砚台倒是真正有灵气，所以书带草也能用来捆书。

【评点】
"风流"是一个有多重含义的词。若是指女人举止轻浮，那是另外一说；此处所说，是"是真名士自风流"的"风流"，是"魏晋风流"的"风流"。这样的风流，贫穷不能磨损它一丝一毫的光彩，就像颜回的"一箪食，一瓢饮，在陋巷，人不堪其忧，回也不改其乐"。可是从古至今，人们大都是物质动物，崇尚的是声色犬马、灯红酒绿、倚翠偎红，若是见哪个人豪富至贵，便那个人放个屁也是香的，打着喷嚏喷出的口水也如同喷吐珠玉；若是见哪个人穷得叮当响，便那个人说出真知灼见也当是放屁。还是《儒林外史》里一段话说得恳切："五河的风俗，说起那人有品行，他就歪着嘴笑；说起前几十年的世家大族，他就鼻子里笑，说那个人会做诗赋古文，他就眉毛都会笑。问五河县有甚么山川风景，是有个彭乡绅；问五河县有甚么出产希奇之物，是有个彭乡绅；问五河县那个有品望，是奉承彭乡绅；问那个有德行，是奉承彭乡绅；问那个有才情，是专会奉承彭乡绅。却另外有一件事，人也还怕，是同徽州方家做亲家；还有一件事，人也还亲热，就是大捧的银子拿出来买田。"要之就是以钱、势这两个字为要。落在这样的大环境里面，空有一身风流骨又有何用？毕竟你能欣赏春日里的榆钱，却不能拿榆钱买来美女的侍候奉承，当然也买不来世人的尊崇奉敬。

不过，就算人间风俗恶赖如此，难道就真的一味附庸追俗，奔着钱去了吗？那倒也大可不必。世界上总还有一件物事是好的，那就是读书。读书固然并不在于"书中自有黄金屋，书中自有千钟粟，书中自有颜如玉"那样的功利目的，但是它可以拓宽视野，打开心胸，增长智慧，笔下生花。而这一切，如同一个水晶罩，把自己和凡尘俗世隔离开来，不至于整个人都被染污而不自知。

第五则

志要豪华，趣要澹泊①。

【注释】

①澹泊：即淡泊，指的是恬淡寡欲。曹植《蝉赋》云："实淡泊而寡欲兮。"

【译文】

志向应该豪华壮大，意趣却应宁静淡泊。

【评点】

一个人立身于世，怎么能没有远大的志向呢？周恩来立志为中华崛起而读书，这样的志向决定了他一生的奋斗方向，这个志向可真够豪华的。胸无大志的人是庸人，彪炳史册的大人物，无不志向高远。当然，只有远大志向也是不成的，还需要头悬梁、锥刺股的吃苦精神，更需要恬淡寡欲、不被声色犬马迷惑的定力。"管宁、华歆共园中除菜，见地有片金，管挥锄与瓦石不异，华捉而掷去之。又尝同席读书，有乘轩冕过门者，宁读如故，歆废书出看。宁割席分坐，曰：'子非吾友也。'"管宁就是志趣淡泊、不被金钱和地位迷惑的人，华歆的做法却令人失望。他未必没有远大志向，但是心性却喜爱金钱和权势，这也就决定了他做人的境界低于管宁。所以我们在确立了志向之后，还应如诸葛亮的《诫子书》所言："静以修身，俭以养德"，"非淡泊无以明志，非宁静无以致远"。实情也确实如此，若是兴趣庸俗，追求声色犬马、金钱利禄，就好比一池春水被风吹皱了水面，水波动荡，连倒映在水中的月亮都模糊不清——而这水中月，原本就是你立下的远大志向。

如今反腐之风排山倒海，吹翻了多少贪官污吏。这些官员当初毕竟也有达则兼济天下的雄心壮志，并且经历了一番艰辛奋斗，才坐上高位，但却由于私欲膨胀，最终遗恨失节。若是志趣淡泊，严谨修身，何至于此？

第六则

万事皆易满足，惟读书终身无尽。人何不以不知足一念加之书？

【译文】

按理说，人间万事都易于满足，只有读书毕其一生也难以穷尽；所以人为什么不把"不知足"的念头放在读书上呢？

【评点】

人家常说"知足常乐"，偏偏是人心不肯知足常乐，所以名也不够，利也不够，地位也不够，宝物也不够，房子也不够，美女钞票一概不够。人家也常说读书至乐，偏偏又不肯把读书当作终身大事，所以作者慨叹说"人何不以不知足一念加之书？"现在读书越发到了艰窘的境地，欲望和娱乐把书籍逼到了狭窄逼仄的死胡同，爱读书、肯读书的人越发少了。

鲁迅先生的《从百草园到三味书屋》里面，那个大声朗读"铁如意，指挥倜傥，一坐皆惊呢；金叵罗，颠倒淋漓噫，千杯未醉嗬……"且"微笑起来，而且将头仰起，摇着，向后面拗过去，拗过去"的老先生，是深得读书之三味的。

晨光乍现，灵性沉睡一晚，须用美好的篇章大声把它唤醒。春晨是软的，像一匹鸭蛋青的软绸；夏晨温凉蓝汪汪，秋晨清如碧水，冬晨却是光芒闪烁，如同翠钻。春晨宜读诗，温温软软、色彩烂漫；夏晨宜读词，"和羞走，倚门回首，却把青梅嗅"；秋晨宜读宁静泓远的散文，好比苏轼的"庭下如积水空明，水中藻荇交横，盖竹柏影也"；冬晨读书，当选那刚硬肃杀，别有一股气的，方能衬得一个"冬"字。

而一日繁扰，入夜展卷，又别有一番滋味。春夜百花发，夏夜暑气暄，秋夜月色明，冬夜霜华浓，于此时读诗、读词、读文、读史，也是滋味甚长。

更不用提白日里事务应酬烦了，读几行字，念两页书，也可以说得上是在世外桃源暂避一时，也能恢复一些心力，好继续应酬事务啊。

如此说来，读书乐处多多，何不一世经营？

第七则

鄙吝①一销，白云亦可赠客②；渣滓③尽化，明月自来照人。

【注释】

①鄙吝：粗鄙吝啬，指气质粗俗，舍不得财物。

②白云亦可赠客：南朝梁陶弘景《诏问山中何所有赋诗以答》有"山中何所有，岭上多白云。只可自怡悦，不堪持赠君"句，这里反用诗意。

③渣滓：指人心里污浊的东西。

【译文】

人心中粗鄙吝啬的毛病一旦消除，即使是天边白云，也可以随手拿来赠予客人；心中污浊、肮脏的劣迹完全消融，明月皎皎，会自动前来照耀自身。

【评点】

人最怕有粗鄙吝啬的气质，这种气质表面上看似和人的语言、行为有关，事实上，却和一个人的内心思想境界相关。思想境界开朗豁达的人，哪怕没有经受良好的家教熏陶和学校教育，他的行事为人也同样开朗豁达，令人敬重；思想境界狭窄逼仄、粗俗鄙陋的人，就算出身富贵，受到良好的教育，做人做事也照样不堪入目。就像《红楼梦》里的薛蟠，大字不识一斗，把唐寅念成"庚黄"，既不会吟诗作对，又满腹黄色废料，落得被柳湘莲暴打一顿，扔进苇子坑里喝了一肚子泥水。读者不但不同情，反而拍手称快。

人又最怕吝啬，所谓守财奴，就是讥讽的这一类人。这类人一分钱看得有碾盘大，从来只愿索取，不肯付出。明代一首曲词，就入木三分地嘲弄了这种人的嘴脸："夺泥燕口，削铁针头，刮金佛面细搜求，无中觅有。鹌鹑嗉里寻豌豆，鹭鸶腿上劈精肉，蚊子腹内刳脂油，亏老先生下手。"

如果我们自知有这方面的毛病而有意识地提升思想境界，把粗俗鄙吝的气质消磨净尽，优雅气质自然会蓬勃生发。到得此时，哪怕不名一文，指着天上的白云赠予他人，他人也不觉得你吝啬，只觉得你风雅夺人。

一个人又最怕心里不干净。破衣烂履并不可怕，如果心里污水横流，浊浪翻滚，这种气息就会和世间阴暗的东西相呼应，互相染污，层层递进，不可自拔。到这一地步，清风来不觉凉快，花盛开不再芬芳，明月朗照见如未见，天籁声声闻似未闻。这是多么可悲的事情！只有把心中污浊的东西消除净尽，才能给世间美好的事物腾出地方，让朗月照映，鱼鸟亲人。

第八则

存心①有意无意之妙，微云澹河汉②；应世③不即不离之法，疏雨滴梧桐。

【注释】

①存心："故意的，有意的"之意，另有"怀有某种念头"的意思。

②微云澹河汉："微云澹河汉，疏雨滴梧桐。"语出《全唐诗》卷一零六，为孟浩然四十六岁游京师时所作。澹，指的是恬静安详。河汉，指银河。

③应世：即应对世事。

【译文】

把持心态似有意似无意，好比孟浩然所说的"微云澹河汉"一样；应对世务既不即又不离，正如孟浩然所说的"疏雨滴梧桐"一样。

【评点】

儒家讲中庸之道，佛家讲去除"我执"，这一切都是告诉我们，追求事物不要过分执着，应对世务不要过分投入。

看电视剧《甄嬛传》，一群后宫的女人明争暗斗，费尽心思，必定要椒房独宠，否则就拼个不死不休。其结果又如何呢？败了的死的死，疯的疯，自不必说；胜了的又何尝是真的胜了？爱人没有了，幸福没有了，自我也没有了，只有一个尊崇的地位，和自己那颗无比寂寞的心灵。整个世界有的时候就像一个大大的后宫，人与人之间无限纷争，谁也不肯身外化身，暂且踏上云端，俯身看一看自己所在的环境。

而这份踏上云端，下视尘寰和自身的功夫，就是"出离"。它不但意味着"过去种种，譬如昨日死，未来种种，譬如今日生"；更意识着自己既是戏子，又是看客，一边演戏的同时，一边又饶有兴趣地观察着自己唱念做打。当察觉自己过分投入，就内心警觉，拉远距离，似有意似无意，既不即又不离。到了这个境界，哪怕热闹红尘，也有疏云澹河汉，微雨滴梧桐。

第九则

以看世之青白眼①，转而看书，则圣贤之真见识；以论人之雌黄②口，转而论史，则左、狐③之真是非。

【注释】

①青白眼：《晋书·阮籍传》："籍又能为青白眼。见礼俗之士，以白眼对之。"青眼，正眼看人，黑眼珠在中间；白眼，看人的时候露出白眼珠，表示轻视或厌恶。

②雌黄：雌黄是典型的低温热液矿物，在中国古代，雌黄经常用来修改错字。因此，古语中"雌黄"有着随意窜改文章和胡说八道的引申义，且有"信口雌黄"的成语。

③左、狐：左，指左丘明，春秋时史学家，鲁国人。双目失明。相传曾著《左氏春秋》。狐，指董狐，春秋时期晋国人，世袭太史之职，亦称"史狐"。董狐秉性耿直，爱讲真话。晋灵公十四年（前607年），晋国大臣赵盾的族弟赵穿将昏庸残暴的晋灵公弑于桃园，董狐写"赵盾弑其君"并示于朝。孔子论曰："董狐，古之良史也，书法不隐。"后人将秉笔直书喻为"董狐笔"。

【译文】

用阮籍看世相时的青眼和白眼来读书，就能得到圣贤的真见识；用我们议论他人的雌黄之口来谈论历史，就能具备左丘明和董狐那样的是非观。

【评点】

阮籍看人用青白眼，对敬重的人青眼相见，哪怕这个人在世俗人的眼光里贫穷不堪；对不喜欢的俗人则用白眼，哪怕这个人在世俗人的眼光里地位高贵。在这个方面，他一点都不苟且。倘若我们能够在读书的时候也像他这样，带着自己的独立思考，对于书中精华青眼相见，对书中糟粕白眼相加，自古以来圣贤的真知灼见也就被体味深透，化为己有。读书最忌不分青红皂白，一味接纳，好比放养野外的牛羊，对到口的草不加分辨，一味狂吞大嚼，这样甚至会有中毒的危险呢。

我们议论起他人来，一向不留情面，所谓"众口铄金，积毁销骨"；甚至形成两大阵营，支持者和反对者晓晓不休，舌口利辩。不过也好，事情真相就在这样尖锐的对阵辩论中水落石出。好像是胡适说过，历史是任人打扮的小姑娘，的确，写史书的人记载史实，必定带着个人臆想和道听途说，还融入自己的观点，不可能完全客观。在这种情况下，假如我们能够用毫不将就、毫不苟且的态度，像议论他人一样不肯罢休地探究真相，在争辩过程中，向左一方和向右一方反复拉锯，最后事实真相就会浮出水面。

而且，漫说读书要区别对待，论史要力求客观，就是为人处世，又何尝不是如此？对待不同的人，也要像对待不同的书一样，采取不同的态度；面对一件事情，也要听取多方意见，以达到兼听则明，从而了解客观事实的真相。

第十则

骆宾王①诗云："书引藤为架，人将薜作衣。"②如此境界，可以读而忘老。

【注释】

①骆宾王：（约 619—约 687），初唐诗人，与王勃、杨炯、卢照邻合称"初唐四杰"，于武则天光宅元年，为起兵扬州反武则天的李敬业作《代李敬业传檄天下文》，敬业败，亡命不知所之，或云被杀，或云为僧。

②"书引"二句：语出上官婉儿诗。上官婉儿，复姓上官，小字婉儿，又称上官昭容，唐朝女官、诗人，因聪慧善文为武则天重用，掌管宫中制诰多年，有"巾帼宰相"之名。唐中宗时，封为昭容，以皇妃的身份掌管内廷与外朝的政令文告。此二句出于《游长宁公主流杯池二十五首》之一，全诗云："暂尔游山第，淹留惜未归。霞窗明月满，涧户白云飞。书引藤为架，人将薜作衣。此真攀玩所，临眺赏光辉。"此处系作者误引。骆宾王《夏日游德州赠高四》有句："野衣裁薜叶，山酒酌藤花"，与此二句句意相近。

【译文】

骆宾王有诗说："书引藤为架，人将薜作衣。"如果真的能够有此境界，就可以沉迷读书而忘记年华老去之忧。

【评点】

骆宾王的诗也好，上官婉儿的诗也好，都有境界。想想看，把藤蔓引来当作书架，书卷在绿色的藤蔓上掩映，用飘逸的薜荔香草来做衣服，薜荔在风中随风舞荡，这样的日子如果能够一直过下去，谁还记得"老"这回事呢？这种息交绝游、离世而居的生活，就像陶渊明在《归去来兮辞》里所写的："富贵非吾愿，帝乡不可期。怀良辰以孤往，或植杖而耘耔。登东皋以舒啸，临清流而赋诗。聊乘化以归尽，乐夫天命复奚疑！"这份境界，可比王羲之的《兰亭序》里所说的"夫人之相与，俯仰一世。或取诸怀抱，悟言一室之内；或因寄所托，放浪形骸之外。虽趣舍万殊，静躁不同，当其欣于所遇，暂得于己，快然自足，不知老之将至。及其所之既倦，情随事迁，感慨系之矣。向之所欣，俯仰之间，已为陈迹，犹不能不以之兴怀。况修短随化，终期于尽。古人云：'死生亦大矣！'岂不痛哉！"豁达多了。

不过王羲之的想法我们都有，谁都怕老怕死，人们想尽办法忘记这种忧虑，以至于花天酒地，但是哪一种方法都不如这种"书以藤为架，人将薜作衣"的做法更有意思。这让我想起现在流行的仿古衣饰，难道不是通过这种衣袂飘飘的方式，来达到乐以忘忧的目的？只是我们却忘了前面那半句，于是只披了一个形式，忘了一本好书才是让人忘忧的根本。

第十一则

　　眉公①云："闭户即是溪山②。"嗟乎！应接稍略，遂来帝鬼③之讥；剥啄④无时，难下葳蕤之锁⑤。言念及此，入山惟恐不深。

【注释】

①眉公：陈继儒（1558—1639），明代文学家和书画家，字仲醇，号眉公、麋公。华亭（今上海松江）人，工诗文、书画，著有《小窗幽记》等。

②溪山：溪水和山脉，谓远世隐居。

③帝鬼：敬鬼神而远之，谓难以接近。

④剥啄：象声词，形容轻轻的叩门声或下棋的声音。

⑤葳蕤之锁：葳蕤锁，闺阁之物，此处代指一般的门锁。《集异记》："葳蕤锁，金缕相连，屈伸在人。"韩翃有诗："长乐花枝雨点销，江城日暮好相邀。春楼不闭葳蕤锁，绿水四通宛转桥。"王夫之有诗："金殿葳蕤锁汉宫，单于谈笑借东风。"

【译文】

　　陈眉公说："把门户关闭，即如生活在溪山之间。"唉！应对接待他人稍微简慢一些，就被人讥讽为如同鬼神的难以亲近；时不时就有人来敲门，都没有办法把门锁住。话说到这里，真让人想进入深山，越远越好。

【评点】

人类社会本来就群居杂处，很多时候想安静而不可得，谁又能像高僧大德那样占名山，像隐士那样泛湖海呢？所以陈继儒所说的"闭户即是溪山"，看起来竟是无奈的苟且之语，一种聊胜于无的安慰。问题是这种安慰也是虚幻的，因为如果你把门闭得紧了，绝交息游，别人会觉得你自命清高得可厌；如果你性子随和，就要承受时不时地被人打扰的后果——哪怕你正在读书，正在沉思，正在做喜欢的事，也不得不堆出笑来迎人，心里烦得透透的，直想骂娘，也必得耐着性子周旋。那一刻，真是欲入深山。

不过，入深山就好了吗？电影《甲方乙方》里，一个大老板想要过超凡脱俗的生活，于是被"好梦一日游"业务组安排进了一个偏僻的小村庄。刚开始欣喜若狂，过了一阵子，就真的疯狂，寂寞得把全村骚扰一个遍，又直接化身黄鼠狼，把全村的鸡都给吃完，然后就天天跑到村口去等，去盼，好等人把自己接回去，重新回到纷乱的人间世。看似谐谑的一个小故事，暴露的是人类的心理困境：太闹了想安静，安静下来了又怕孤独，享受孤独只能是片刻，回到闹市又继续想安静。就是这么难。

不过，话又说回来，就算我们做不到置身永远的孤独，而自己享受孤独的时间越长，说明自己的灵魂越丰满，这句话大概还是没有大错的。因为孤独屏蔽了外界的杂音，可以听见自己的心。和心的对话多了，自己和自己就能达到和解与和谐。

第十二则

眉公曰："多读一句书，少说一句话①。"余曰："读得一句书，说得一句话。"

【注释】

①"多读"两句：语出陈继儒《岩栖幽事》，原文为："多读两句书，少说一句话。"

【译文】

陈眉公说："多读一句书，少说一句话。"我说："读一句书，才说一句话。"

【评点】

古人真是把读书奉为圭臬，所谓"饥读之以当肉，寒读之以当裘，孤寂而读之以当友朋，幽愤而读之以当金石琴瑟"。确实，简简单单的一个"书"字，内里包罗万象，简直是想要什么有什么，所以不独是古人，今人读书妙论也是层出不穷。我最爱杨绛的论读书："我觉得读书好比串门儿——'隐身'串门。要参见钦佩的老师或拜谒有名的学者，不必事前打招呼求见，也不怕搅扰主人。翻开书面就闯进大门，翻过几页就登堂入室；而且可以经常去，时刻去，如果不得要领，还可以不辞而别，或者另找高明和他对质。不问我们要拜见的主人住在国内国外，不问他属于现代古代，不问他什么专业，不问他讲正经大道理或聊天说笑，却可以挨近前去听个够。我们可以恭恭敬敬旁听孔门弟子追述夫子遗言，也不妨淘气地笑问'言必称亦曰仁义而已矣的孟夫子'，他如果生在我们同一时代，会不会是一位马列主义老先生呀？我们可以在苏格拉底临刑前守在他身边，听他和一位朋友谈话，也可以对斯多葛派伊珀蒂特斯的《金玉良言》思考怀疑。我们可以倾听前朝列代的奇闻轶事，也可以领教当代最奥妙的创新理论或有意惊人的故作高论。反正话不投机或言不入耳，不妨抽身退场，甚至砰一下推上大门——就是说，啪地合上书面——谁也不会嗔怪。"

　　读书如此之佳妙，怪不得宋朝诗人黄山谷会说："三日不读书，便觉语言无味，面目可憎。"这是从自我感觉来说的，而林语堂则将这句话解释为：你三日不读书，别人就会觉得你语言无味，面目可憎。要而言之，就是读书好。读书能增智，能广闻，能明理，所以陈眉公才会提倡"多读两句书，少说一句话"，因为读书少而话多，只会令人觉得语言无味，面目可憎；作者记成了"多读一句书，少说一句话"，又在此基础上引申为"读得一句书，说得一句话"，意即言必有本，说必有方。不过，这样说话的法子，还是要当心掉书袋，那样也令人觉得可厌得很。还是要勤读书，活读书，把书中养料供养大脑，然后说出明心见性的睿智之言，这样才算不辜负了书吧。

第十三则

赏花须结豪友，观妓须结淡友，登山须结逸友，泛水须结旷友，对月须结冷友，待雪须结艳友，饮酒须结韵友。

【译文】

品赏花朵需要结交豪爽的朋友，观赏妓者需要结交淡泊的朋友，登山需要结交心思放逸的朋友，泛舟水面需要结交胸怀旷达的朋友，欣赏月色需要结交冷静的朋友，品味落雪需要结交艳丽的朋友，喝酒需要结交举止有风韵的朋友。

【评点】

每个人都需要朋友。

有一个动人的故事，说的是中世纪的欧洲，骑士盛行的时代，一个骑士深夜拼命打马，匆匆赶路，终于在破晓时分，赶到朋友的家里，急促地"嘭嘭"砸门。朋友打开门，一看是他，马上张开双臂，给他一个紧紧的拥抱，然后不等他说话，就抢着说："我的朋友，你冒夜前来，必有所谓。如果你需要马匹，你可以随意到我的马厩挑选良骑，无论你要多少，都可拿去；如果你需要金钱，我现在就带你到我的金库，那里的所有金银珠宝，都随你支配；如果你需要我的性命，那我就马上把我的头颅奉上，只要你说一句话，我的朋友，我绝不会道半个'不'字。"这个骑士眼含热泪，紧紧拥抱这个他赶了半夜的路来会见的朋友，说："啊，我的朋友！我既不需要你的良马，也不需要你的金银，你竟然要我取你的性命，那怎么可能。我夜里做梦，梦见你被人追杀，掉下悬崖，醒来再也睡不着，冒夜前来，只是为了看看你是否安然无恙。"

这个故事，用深情的语调，诉说的是一个美好的故事。像冰心说的："爱在左，情在右，走在生命的两旁，随时撒种，随时开花，将这一径长途，点缀得香花弥漫，使穿枝拂叶的行人，踏着荆棘，不觉得痛苦，有泪可落，却不是悲凉。"

人如千面花，花开千面，自然要有不同的人赏，所以就会有不同的朋友来到身边。若按作者所说，赏花观妓，登山泛水，对月待雪，饮酒品茶都需要不同的朋友的话，感觉就像把朋友当成了陈列品，排布在货架，随时需要，随时挑挑拣拣，拿取一个，教他陪我。他还真是有兴致，居然也能有这么多种类型的朋友备他拣择。其实，无论哪一种朋友，都是好的。

至于酒肉朋友、狐朋狗友，不在讴歌之列，因为那不是真的朋友，只不过是有所图谋的臭味相投。

第十四则

夫处世至此时，笑啼①俱不敢；论文于我辈，玄白②总堪嘲。

【注释】

①笑啼：啼，哭。指笑和哭。

②玄：深远，高深。白：清楚，明白。

【译文】

生逢这个时代，哭笑都不敢任情任意；评论同代人的文章，说深说浅都有人嘲笑。

【评点】

"这是一个最好的时代，也是一个最坏的时代；这是明智的时代，这是愚昧的时代；这是信任的纪元，这是怀疑的纪元；这是光明的季节，这是黑暗的季节；这是希望的春日，这是失望的冬日；我们面前应有尽有，我们面前一无所有；我们都将直上天堂，我们都将直下地狱……"狄更斯的话道尽了古往今来，所有人对于所有时代的准确感受。每个时代都有不同的面孔，同一个时代被不同的人面对的时候，也会被演绎出不同的版本。而文人立身时代，却很少能够在时代的浪涛里得其所哉，究其原因，除了清高到不肯媚俗，还有就是好发针砭时弊的议论——让文人不说不写，就像让政客不玩政治手段一样难。所以，文人就堕入时代的两难：想纵情哭笑，时代不允许你纵情哭笑；想畅所欲言，大众又不许你畅所欲言。怎么办？"有道难言不如醉，有口难言不如睡"吧，你说呢？不过，生逢盛世，口舌解禁，还是要言所当言的，这也是文人的本分。

第十五则

举世嫉修眉①，不特②深宫见妒；随人矜寸舌③，犹然列国争长。

①修眉：长眉，指美女。曹植《洛神赋》有"修眉联娟"句，指细长的眉微微弯曲。

②特：只有，仅有。

③矜：炫耀、自夸。寸舌：口才。

【译文】

世间人都嫉妒美女，美女不是只有在深宫内院才会遭人嫉恨；一任世人逞口舌之快、之利，就好像目睹列国之间争长竞短。

【评点】

嫉妒是种病，所有人都病了。

深宫内院里的女人整天不琢磨别的，只想着献媚争宠，上演着一出又一出因嫉妒而疯狂的争斗，这种争斗如同泥淖，令人欲罢不能。美丽，在这里是一件极其危险的事。其实，又何止于这里呢？美丽在哪里都是极其危险的事情，就像一首歌里唱的："因为你美丽，天也不容你。"因为你美丽，嫉妒杀死你。

岂止是因为美丽而被嫉妒杀死，你清高，别人会嫉妒你的清高；你孤傲，别人会嫉妒你孤傲；你有才，别人会嫉妒你有才；你富有，别人会嫉妒你的富有；你多子多孙，别人会嫉妒你多子多孙；你官高位显，别人会嫉妒你官高位显。凡是你有而别人没有的，都会招引来别人的嫉妒，而嫉妒，是可以亡邦丧国、毁天灭地的。

有了嫉妒，就有了炫耀，嫉妒是自恨不如人，炫耀是自矜优于人。自恨不如人者，肚子里长出獠牙，恨不得把别人扒皮拆骨，吞吃入腹；自矜优于人者，眼睛翻到天上，看谁都是庸夫俗子，只有自己是清洁的白莲花。只可惜真正的白莲花是不说话的，它只是在风光里无限静默，而它的静默就是无限风光；而自命的白莲花却是哓哓不休，生命不休，炫耀不止。若是这样的一堆人碰到一起，那就没有谁在听，而是大家都在说，鼓噪声如蛙鸣擂鼓，搅闹得人间如同雨后蟆坑。

怎么办？如果是美的，那就让自己的美不那么出众；如果是好的，那就让自己的好不遭人嫉妒；如果是对的，那就不用口舌来争长竞短；如遇旁人挑战，那就退一步海阔天空。整个习俗既然都是如此，那就不必做无谓的抵抗，只低下头来，过自己的生活，做自己的事情，这样难道不好？

第十六则

贫贱骄人，傲骨生成难改；英雄欺世，浪语①必多不经②。

【注释】

①浪语：空话，不切实际的话。杜甫《归雁》："系书元浪语，愁寂故山薇。"

②不经：荒诞、没有根据的话。

【译文】

虽生为贫贱，却是天生傲骨，难以改变；英雄欺骗世人，用的是豪言壮语，必然有许多的荒诞不经。

【评点】

人可以生就贫贱，但不可没有傲骨，就是说，人可以地位低下，但不可失了尊严。对于地位低下的人来说，尊严是格外难以维持的事情，就像寒山所问："世间有人谤我、辱我、轻我、笑我、欺我、贱我，当如何处治乎？"拾得答："你且忍他、让他、避他、耐他、由他、敬他、不要理他。再过几年，你且看他。"这话说得对啊，眼见他起高楼，眼见他楼塌了，眼见他笏满床，眼见他蛛丝满雕梁。既然如此，又何必为此愤怨不甘呢？还是踏踏实实、干干净净地做自己好，这样既低调不惹人嫌，又保持了自己的尊严。还是不要像狂生那样，动不动就指天画地，骂世道不公，骂人心不古，骂老天无眼，骂自己命穷。

不过，世道也确实看起来是有些不公的，因为你看那些吹牛皮、欺世盗名的人，因为善于蛊惑人心，所以竟被捧成大英雄。但是也不要因为如此，就学他们的行径。做人最重要的还是无愧本心。

第十七则

花看水影，竹看月影，美人看帘影。

【译文】

欣赏鲜花就要看水底的花影，观赏竹子就要看月下的竹影，品赏美人就要看帘后的倩影。

【评点】

花落在水里的影子，望过去就像美人照镜，真的是"照花前后镜，花面交相映"，这样的美丽，想想都让人目醉神迷。竹影被月光筛在白墙上，随着微风瑟瑟地动，让人直疑不是人间是天上。"美人卷竹帘，深坐蹙蛾眉。但见泪痕湿，不知心恨谁"这首诗，最适合还是美人把竹帘放下吧，或是纱做的帘，或是珍珠做的帘，遮住一抹倩影，梳着倭堕的髻子，影影绰绰，朦朦胧胧。

所以说万事万物不可过于明朗、真切。大白天看花看竹，花上几个斑点都知道，竹上几多灰尘也明了，美人走在大街，也可以看得见脸上的痘痘斑斑，还是要讲究一个氛围、场合和距离感，这是审美的铁则。

就是面对这个世界，也不宜看得过于真切，朦朦胧胧最好，七分现实加三分想象，就能构成一个可以被我们接受的现实世界；若是三分现实加七分想象，恭喜你，你就活在无忧无虑的伊甸园。

站远点，欣赏啊。

第十八则

一池荷叶衣无尽，翻骄①锦绣纂组②；数亩松花③食有余，绝胜钟鸣鼎食④。

【注释】

①翻骄：超过，胜过。翻：反而。

②纂组：赤色绶带，亦泛指华美的织锦。三国时诸葛亮《便宜十六策·

治人》："锦绣纂组，绮罗绫縠，玄黄衣帛，此非庶人之所服也。"

③松花：又叫松黄，就是马尾松开的花。松科松属的马尾松开花期间采集的花粉叫松花粉，味甘，性温，无毒，主润心肺、益气、除风、止血也。松花又称松黄。以松花为食，此处谓清贫的生活。

④钟鸣鼎食：古代豪门贵族吃饭时要奏乐击钟，用鼎盛着各种珍贵食品（敲着钟，列鼎而食）。故用"钟鸣鼎食"形容权贵的豪奢排场，旧时还形容富贵人家生活奢侈豪华。汉·张衡《西京赋》："击钟鼎食，连骑相过。"唐·王勃《滕王阁序》："闾阎扑地，钟鸣鼎食之家。"

【译文】

满满一池的荷叶做衣可以穿之无尽，反而胜过华美的织锦；几亩地的松花吃不完，绝对胜过摆着豪奢的排场吃尽山珍海味。

【评点】

由俭入奢易，由奢入俭难。

上古先王都生活俭朴，削竹木为筷，取粗陶做碗。可是为什么后来的君主就演变成一顿饭要一百多道菜，吃穿用度都极尽富丽堂皇？它有一个缓慢而渐进的演变过程，如同《韩非子·喻老第二十一》里说的故事：商纣王用了一双象牙做的筷子，引起箕子震怖，因为有了象牙筷，就不会再用粗陶杯，而一定要用玉杯；有了象箸和玉杯，就不肯再吃粗劣的饭菜，一定要吃山珍海味；吃了山珍海味，就一定不会穿粗布衣裳，也不会住茅草棚子，就一定会穿锦绣衣裳，住广室高台。结果就是奢靡日甚，以至亡命亡国。

这个故事真是发人深省。单从这个角度考虑，就可以衣荷叶而食松花。

若从个人志趣来讲，衣荷叶、食松花更能见出一个人品性的淡泊与高洁。把追求华衣美食、高台大屋的精力都用在读书、沉思上，以提升自己的思想境界，这样的人，哪怕外界再风云变幻，虚荣无限，他也能够求得心灵的安泰，而八风不动，令人敬重。

而是不是令人敬重，又岂是这样的人所关心的？他衣荷叶、食松花，也只是活给自己看。

第十九则

论啜茗①，则今人较胜昔人，不作凤饼、龙团②，损自然之清味；至于饮，则今人大非夙昔③，不解酒趣，但逐羽觞④。吾思古人，实获我心。

【注释】

①啜茗：喝茶。

②凤饼：即凤团，宋朝贡茶名。用上等茶末制成团状，印有凤纹。周邦彦《浣溪沙》："闲碾凤团消短梦。"龙团：亦是宋朝贡茶名。饼状，印有龙纹，故名。宋·张舜民《画墁录》："丁晋公为福建转运使，始制为凤团，后又为龙团。"凤饼、龙团，此处泛指好茶。

③夙昔：往昔，泛指昔时，往日。

④羽觞：又称羽杯、耳杯，是中国古代的一种盛酒器具，器具外形椭圆、浅腹、平底，两侧有半月形双耳，有时也有饼形足或高足。因其形状像爵，两侧有耳，就像鸟的双翼，故名"羽觞"。《楚辞·招魂》："瑶浆蜜勺，实羽觞兮。"

若论品茶，现代的人胜过前人，因为现代的人不做凤饼茶、龙团茶，便不会损伤茶叶的自然清香。至于喝酒，现代人却远远比不上前人，因为今人不懂得酒中的情趣，只是一味贪杯。我想象着古人饮酒的风雅气象，实在是深得我心。

【评点】

茶这种东西，很多人不可或缺。就因为茶是好东西，所以古人把它提到非常高的地位，专门制作龙团、凤饼以进贡朝廷。蒙顶茶曾为贡品，据说程序非常复杂："每逢春至茶芽萌发，地方官即选择吉日，一般在'火前'，即清明节之前，焚香沐浴，穿起朝服，鸣锣击鼓，燃放鞭炮，率领僚属并全县寺院和尚，朝拜'仙茶'。礼拜后，'官亲督而摘之'。贡茶采摘由于只限于七株，数量甚微，最初采六百叶，后为三百叶、三百五十叶，最后以农历一年三百六十日定数，每年采三百六十叶，由寺僧中精制茶者炒制。炒茶时寺僧围绕诵经，制成后贮入两银瓶内，再盛以木箱，用黄缣丹印封之。临发启运时，地方官又得卜择吉日，朝服叩阙。所经过的州县都要谨慎护送，至京城供皇帝祭祀之用，此谓'正贡'茶。在正贡茶之后采制的，是供宫廷成员饮用的，制法亦精，有雷鸣、雾钟、雀舌、白毫、鸟嘴等品目。"

这样制下来的茶，好是好的，只是让人不忍喝。真不如平常人家清茶一杯，知己叙谈，更得真味，所以作者说今人胜昔人。

说到酒字，古人关于酒的诗篇海海漫漫。李白"举杯邀明月，对影成三人"，苏轼"明月几时有，把酒问青天"，李清照"昨夜雨疏风骤，浓睡不消残酒"，王翰"葡萄美酒夜光杯，欲饮琵琶马上催"。更有南朝时宋人何法盛的《晋中兴书》写一个叫毕卓的人爱喝酒："比舍郎酿熟，卓因醉，夜至其瓮闲取酒饮，掌酒者不察，执而缚之。郎往视之，乃毕吏部也，遽释其缚。卓遂引主人宴于瓮侧，取醉而去。卓常谓人曰：'右手持酒卮，左手持蟹螯，拍浮酒池中，便足了一生。'"这样的酒风、酒品、酒趣、酒诗、酒意，着实令人欣羡，比今人的闹闹哄哄喝一场，完事忘了酒滋味的做法，强不知道多少倍。

第二十则

幽居虽非绝世，而一切使令供具、交游晤对①之事，似出世外：花为婢仆，鸟当笑谭②，溪蔌③涧流代酒肴烹享，书史作师保④，竹石资友朋。雨声云影，松风萝月⑤，为一时豪兴之歌舞。情境固浓，然亦清华⑥。

【注释】

①使令供具、交游晤对：使令：差遣，使唤。供具：陈设餐具，备供酒食。交游：结交朋友。唐·白居易《酬梦得以予五月长斋延僧徒绝宾友见戏十韵》："交游诸长老，师事古先生。"晤对：会面交谈。

②笑谭：笑谈。

③蔌：蔬菜的总称。

④书史：经史一类的书籍。唐·韩愈《此日足可惜赠张籍》："闭门读书史。"师保：老师。《书君陈》"昔周公师保万民，民怀其德。"

⑤萝月：藤萝间的明月。南朝宋鲍照、王延秀等《月下登楼连句》："仿佛萝月光，缤纷篁雾阴。"

⑥清华：景物清秀美丽。

【译文】

　　隐居虽然不是离群索居、与世隔绝，但是一切差遣宴请、交游应对的事情，好像远在世外：把花朵当作婢女仆从，把鸟语当作人间笑语，溪边生长的野蔬和清涧流水代替肴馔美酒，经史之书做老师，竹木怪石做朋友，下雨的声音、天上的云影、松间穿过的凉风、藤萝隙间透下的月光，都可以伴我兴致到来时一场豪放歌舞，虽然情境看上去浓烈艳丽，然而骨子里却透着清幽的光。

【评点】

　　隐居的生活真好。厌倦了都市繁华，应对苦劳，于野外觅得一个清净所在，水清鱼读月，花静鸟谈天。碧溪清浏，烹茶煮粥都是好。闷来读书，就像张岱自言："高槐深竹，樾暗千层，坐对兰荡，一泓漾之，水木明瑟，鱼鸟藻荇，类若乘空。余读书其中，扑面临头，受用一绿，幽窗开卷，字俱碧鲜。"

　　人家的隐居生活是"且到终南山下，燃一缕炊烟，开两亩薄田，垦三畦菜蔬，植四棵杨柳，种五株海棠，栽六丛湘竹，垒七星茶灶，摆八仙木桌，作九曲神谱，弹十面埋伏"。我对隐居生活的畅想是燃炊烟，开薄田，垦菜蔬，植杨柳。每个人都有隐居梦，作者的隐居梦，说中了亿万人的心声。

第二一则

　　多方分别，是非之窦①易开；一味圆融②，人我之见③不立。上可以陪玉皇大帝，下可以陪卑田院④乞儿。

【注释】

①窦：孔、洞，此处引申为口子。全句意为：假使多方面地分辨计较，是很容易开是非之口的。

②圆融：破除偏执，圆满融通。

③人我之见：他人与自我之间的分别知见。

④卑田院："悲田院"的讹称。原系佛寺救济贫民的地方，后泛称收容乞丐之处。元•石君宝《曲江池》："我家须不是卑田院。"

【译文】

动不动就把他人和自己分开，多方面地分辨计较，容易滋生出很多的是非；一直讲究破除偏执，圆满融通，就可以破除他人与自我之间的分别知见。（这样一来）上可以和玉皇大帝交游，下可以陪同贫民乞丐。

【评点】

南方女友的院内有一树红花，问她，说是"烂茶花"。很奇怪。茶花艳如火丽如绸，何以名其为"烂"也？她说你不晓得。别的花开过之后，谢便谢了，纷纷凋落，地上铺满一层，如同烂锦，漂亮得很。唯有它，花谢了还紧抱枝头，吊死鬼一样吊一树，难看死了，所以叫"烂茶花"。我们本地也有一种花，名"臭菊子"，花开浓黄，朵大如杯，只因气味不是特别好闻，且又易活耐养，故有此名。就因为这个名字，它便惹人轻贱。

花尚且如此，更何况人？分别心一起，便分出了一个个对立鲜明的阵营，对垒对阵，残酷无情。古话说"君子朋而不党，小人党而不朋"，品德高尚的人是不屑于和人连群结党的，与人相交只在一个理字、一个情字；人品卑劣的人则会聚在一起，互为表里，铲除异己，坐大势力。就算到不了这个地步，人们的分别心也会如风云的自然起兮，这实在是我们难以破除的局限，只能努力消融人我之见，把别人看作自己，才能泯灭分别心和人我之见，达到"无缘大慈，同体大悲"的佛家境界。

第二二则

读书霞漪阁上，月之清享有六：溪云初起、山雨欲来、鸦影带帆、渔灯照岸、江飞匹练①、村结千茅。远境不可象描，适意常如披画。

【注释】

①匹练：形容流水、瀑布、光环等如一匹展开的白练或彩练。练，指丝绸、绸缎等。

【译文】

在霞漪阁上读书，可以享受到的月之清欢有六种：那山溪中的云雾刚刚生起来、那山上即将下雨、那乌鸦的影子伴随着远处的归帆、那渔家的灯火星星点点映照在静静的江岸、那江中流水如同纯净的白色绸缎、远望村舍层层叠叠的茅草屋顶。远远望去，妙境无法描画，使人心中畅快，常如观赏美丽的画卷。

【评点】

"春江潮水连海平，海上明月共潮生。滟滟随波千万里，何处春江无月明。"这样的诗，美得让人心疼。这样的月，也美得让人心疼。

"明月出天山，苍茫云海间。"这样的诗，让人胸怀苍凉。这样的月色，也让人胸怀苍凉。

"大漠沙如雪，燕山月似钩。"这样的一钩弯月，映着高山大漠，冷气侵人。

"深林人不知，明月来相照。"这里的月，想必是一轮满月，清辉遍洒，温慰避世隐居的素心人。

"举杯邀明月，对影成三人。"明明也是一轮满月，照耀着一个微醺的人，你看他举起酒杯，邀明月共饮，实在是世间无可邀、愿邀之人。这份寂寞，明月你可能懂？

"春花秋月何时了，往事知多少。"春花本是美丽，秋月恰是清凉，谁知落在丧家失国的亡国之君李煜身上，就成了刺向心头的钢针，往事如流，却又不是水过无痕，处处都在映衬而今凄凉。从此春花不堪折，秋月不堪看。而他"无言独上西楼，月如钩"，更是让人的心都疼得颤抖。此时有月不如无月，可是无月又不如有月，教人如何是好？

还有李清照的"雁字回时，月满西楼"，还有苏轼的"明月几时有，把酒问青天"，还有"嫦娥应悔偷灵药，碧海青天夜夜心"，还有"露从今夜白，月是故乡明"……一个"月"字，说不尽，道不完。

作者也爱月，月下读书，尽享月色之美：溪云初起、山雨欲来、鸦影带帆、渔灯照岸、江飞匹练、村结千茅。这样的月色，没有辜负了溪云、山雨、带帆的鸦影、照岸的渔灯、匹练一般的江水、茅屋毗连成片的村庄；而溪云、山雨、带帆的鸦影、照岸的渔灯、匹练一般的江水、茅屋毗连成片的村庄，也没有辜负了这月色。

第二三则

南山种豆①，东陵种瓜②，敛鼎俎于草野③；渭滨④秋钓，莘野⑤春锄，托掌故于山川。

【注释】

①南山种豆：即解甲归田、躬耕陇亩、隐居乡间之意。陶渊明有诗："种豆南山下，草盛豆苗稀。"

②东陵种瓜：意为隐居生活。典出《史记·萧相国世家》："召平者，故秦东陵侯。秦破，为布衣，贫，种瓜于长安城东，瓜美，故世俗谓之'东陵瓜'，从召平以为名也。"三国时期魏人阮籍有诗《咏怀》，曰："昔闻东陵瓜，近在青门外。"

③鼎俎：古代祭祀、宴飨时陈置牲体或其他食物的礼器，泛称割烹的用具。《韩非子·难言》："身执鼎俎为庖宰。"草野：乡野，民间。

④渭滨：指姜子牙。姜子牙渭水之滨直钩垂钓，引来周文王。

⑤莘野：指隐居的地方。语出《孟子·万章上》："伊尹耕于有莘之野。"

【译文】

到南山之上去种豆，到东陵去种瓜，把煮饭用的大鼎和割肉用的砧板收拾起来，深入到草野之间；秋天到渭水之滨垂钓，春天在莘野之地把锄，把一肚子的学问和掌故都寄托给绿水青山。

37

【评点】

看腻了人世间争斗乱纷纷，厌倦了你来我往动机心，还不如"种豆南山下，戴月荷锄归"的生活更让人踏实、安心，所以解甲归田，种瓜栽豆的日子就成了人们在凡尘俗世中浸淫多年后一心向往的幸福。同时，隐居避世又是想要仕进者的一块敲门砖、踏脚板。姜子牙如果不是垂钓渭水，怎么引来周文王？伊尹如果不躬耕陇亩，又怎能日后为相？

用世后隐居，显示的是一个人的思想深度，能够看透世间纷扰的真相；并且有勇气把自己从庸常的世俗标准中剥离出来，高蹈出尘；隐居以图用世，显示的是一个人的雄心壮志，明知道世间纷扰，还有勇气踏足进去，是相信自己能够做出一番他人所不能及的事业。无论哪一种选择，隐居都代表这个人的美学修养，他能够领略寂寞之美，能够孤独自处，这是最了不起的事。

第二四则

无竹令人俗①，竹多令人野。一径数竿，亭立如画。要似倪云林②罗罗清疏，莫比吴仲圭③丛丛烟雨。

【注释】

①无竹令人俗：语出苏轼诗《于潜僧绿筠轩》："可使食无肉，不可使居无竹；无肉令人瘦，无竹令人俗。人瘦尚可肥，俗士不可医；旁人笑此言，似高还似痴。若对此君仍大嚼，世间那有扬州鹤？"

②倪云林：（1306—1374），元代画家。字符镇，又字玄瑛，别号荆蛮民、净名居士、朱阳馆主、沧浪漫士、曲全叟、海岳居士等。善水墨山水画，发展了山水画"折带皴"的技法。倪云林画树木，其作品简中寓繁，似嫩实苍。代表作有《雨后空林》《渔庄秋霁》《江岸望山》等。

③吴仲圭：（1280—1354），元代画家。名镇，字仲圭，号梅花道人、梅沙弥。工诗文书法，善画山水、梅花、竹石。山水师法董源、巨然，呈现出一种深厚苍郁之气。善于用墨，淋漓雄厚，为元人之冠。他与王蒙、黄公望、倪云林同被称为"元四家"。

【译文】

没有竹子让人觉得俗气熏人，竹多了又让人觉得粗俗狂野。一条小径，数竿弱竹，亭亭玉立，如同画卷。一定要像倪云林的画一样疏疏朗朗，清清亮亮，不要像吴仲圭的画那样，郁郁葱葱，好像蕴着蓬蓬烟雨。

【评点】

竹瘦为美，竹肥无度。竹疏为美，竹密无韵，所以作者才会说：赏竹要罗罗清疏，而非丛丛烟雨。这，就是一个人的审美意趣和审美水平了。凡事宜有度，过了头总不好。要想有度，还是要提升自己的思想高度和审美水平，所以你看晏子为相，谦恭待人，而他的车夫却趾高气扬，扬扬自得；所以你看倪云林画的竹就疏朗有致，而吴仲圭画的竹就如丛草——不是说吴仲圭画得不好，不过就把握竹的神韵方面，比倪云林略略不如。

第二五则

峨眉春雪，山头万玉生寒；洞庭秋波，风外千秋呈媚。语言无味，臻①此佳境，当使闻者神往，见者意倾。

【注释】

①臻：基本字意为达到（美好的），达到完备的。如日臻完善。还有到、来到之意，如百福并臻。

【译文】

峨眉山的春雪，使得万千山峰变成玉白的颜色，望之生寒；洞庭湖的秋波，风吹水面，碧波万顷，一片媚态逼人。到了这个地步，语言没有一点用，它使听闻到名声的人心驰神往，使见识到美景的人陶醉其中。

【评点】

唐·李白有诗《登峨眉山》："蜀国多仙山，峨眉邈难匹。周流试登览，绝怪安可悉？青冥倚天开，彩错疑画出。泠然紫霞赏，果得锦囊术。云间吟琼箫，石上弄宝瑟。平生有微尚，欢笑自此毕。烟容如在颜，尘累忽相失。"笔触浓墨重彩，说此地宜云宜石，宜吟箫宜弄瑟。到了这里，就忘了红尘。若是一场春雪忽至，峨眉山头万峰皆白，更是美得圣洁。

宋·张孝祥有《念奴娇·过洞庭》词："洞庭青草，近中秋，更无一点风色。玉鉴琼田三万顷，著我扁舟一叶。素月分辉，明河共影，表里俱澄澈。悠然心会，妙处难与君说。"这里波平如镜，这里玉鉴琼田，这里连绵青草，这里素月分辉。秋波一起，千秋呈媚。

李白和张孝祥都发出了和作者一样的感慨，若不亲登峨眉山，"绝怪安可悉"？若不亲临洞庭湖，妙处难与说。所以说，人不但要读万卷书，还要行万里路；不但要博闻广识，还得要多听多见。见得多了，眼界宽了，就不至于坐井观天，也一步步累积起自己的美学修养，面对美景，不至于不领其趣，如牛嚼牡丹花，而可以尽情赏山赏水、赏春赏秋、赏雪赏风。

第二六则

诗里落花，多少风人^①红泪^②。当使子规^③卷舌，鶗鴂^④失声。

【注释】

①风人：一是指古代采集民歌风俗等以观民风的官员。此处则指诗人。曹植有《求通亲亲表》，有语云："是以雍雍穆穆，风人咏之。"

②红泪：《拾遗记》中说，魏文帝（曹丕）所爱的美人薛灵芸离别父母登车上路之时，用玉唾壶承泪，壶呈红色。及至京师，壶中泪凝如血。后世因而称女子的眼泪为"红泪"。此处指多愁善感的诗人的眼泪。

③子规：即杜鹃鸟、子规鸟。《史书•蜀王本纪》言望帝禅位后化为杜鹃鸟，至春则啼，滴血则为杜鹃花，常用以形容哀痛之极；另

传说古代蜀国王杜宇死后变为一只杜鹃鸟，每年春季，杜鹃鸟叫唤人们"快快布谷！"啼得流出了血，染红了漫山的杜鹃花。卷舌：闭口不言，停止啼叫。汉·扬雄《解嘲》："是以欲谈者卷舌而同声。"

④鶗鴂：鸟名。即杜鹃鸟，古称鶗。

【译文】

诗歌里描写的落花种种，饱含着多少诗人的血泪，就是啼血的子规和悲鸣的杜鹃听到，也会发不出啼鸣。

【评点】

落花从来动愁肠。

盘点落花诗，最令人泣下的当属《红楼梦》中林黛玉的《葬花吟》："花谢花飞飞满天，红消香断有谁怜？游丝软系飘春榭，落絮轻沾扑绣帘。……一年三百六十日，风刀霜剑严相逼；明媚鲜妍能几时，一朝漂泊难寻觅。……愿奴胁下生双翼，随花飞到天尽头。天尽头，何处有香丘？未若锦囊收艳骨，一抔净土掩风流；质本洁来还洁去，强于污淖陷渠沟。尔今死去侬收葬，未卜侬身何日丧？侬今葬花人笑痴，他年葬侬知是谁？试看春残花渐落，便是红颜老死时；一朝春尽红颜老，花落人亡两不知。"林黛玉自幼丧母，心性敏感孤独，天生的诗人气质，无端便添悲愁。于她而言，世上真是充满风刀霜剑，一片落花就能令她泪流成河。

而像杜甫平生遭际实堪伤，一世淹蹇不顺遂。他的"岐王宅里寻常见，崔九堂前几度闻。正是江南好风景，落花时节又逢君"四句诗道尽了世态炎凉。李龟年是唐玄宗初年的著名歌手，常在贵族豪门歌唱。杜甫少年时才华卓著，常出入于岐王李隆范和中书监崔涤的门庭，得以听他唱歌。后来国事凋零，人事流离，二人飘荡如飞蓬的时候，在落花时节相遇，怎不抚今思昔。而满地落花，更助长了今非昔比的悲凉情怀。

李煜的"流水落花春去也，天上人间"更是一曲春的挽歌，晏殊的"无可奈何花落去，似曾相识燕归来"，读来真是令人无奈而又无奈。

落花，就是这么牵惹愁肠，诗人又是最多愁，所谓"国家不幸诗家幸，赋到沧桑句便工"，国破家亡，颠沛流离，这样大的个人遭际自不必说，令诗人情思如辘轳，一上一下，缠绵不已，啼血而诗；就算是外界风平浪静，诗人敏感的心里也可掀起一场风暴，目触落花，有感而发。

如此说来，对于诗人来说，这个热闹红尘就真的是处处花谢花飞，遍地红消香断了。

第二七则

声之凄绝，无如衰树寒蝉，泣露凄风，如扣哀玉；回听高柳雄声①，火云②俱热，至此易响。时异势殊③，大抵类是④。

【注释】

①雄声：高昂、激昂、热闹的叫声。

②火云：即红云。杜甫《赠华阳柳少府》："火云洗月露。"此句是形容夏天柳树上蝉、鸟的叫声异常热闹。

③时异势殊：时节差异、形势不同。

④是：此，这。

【译文】

要论声音的绝顶凄惨，没有什么能比得上秋天衰萎的枯树上趴着的寒蝉的鸣叫。那种寒露如泣，风冷凄凄，如同叩响悲哀的寒玉。可是转回头再听茂盛的柳树上那种高亢的鸣叫声，叫得天上的云彩都像着了火一样，热了起来。响声到这时大大改变。时间变化，形势不同，大多都类同于这个情景。

【评点】

唐朝诗人骆宾王《在狱咏蝉》诗写道："西陆蝉声唱，南冠客思侵。那堪玄鬓影，来对白头吟。露重飞难进，风多响易沉。无人信高洁，谁为表予心。"恰逢秋季，越是处境悲凉，蝉声越是凄绝。而蝉又在此被诗人指为心性高强之士，虽声声鸣叫，却无人理解；而马上自己的性命就到头了。蝉，真悲凉啊。

可是若改换了处境，置身火热的夏季，你看蝉之鸣叫，声振林野。小时候家在农村，整个村庄都笼罩在高亢的蝉鸣声中。那是它们的天下。那个时候，它们都正值壮年，自觉前程似锦，被雄心壮志鼓荡得意气难平，发声鸣叫，诉说欢乐。

所以说时移势易，此言不虚。

蝉的当夏势盛，临秋势萎，也可用来警醒世人，得意时勿忘形，勿妄言，勿妄为，勿目空一切，以免被忌恨、被切齿，也好于势萎时得垂怜，众人都踏上一脚时，有一两个人不去踏上一脚；众人都唾上一口时，有一两个人不去唾上一口。势不由人，德重自修。

第二八则

春云宜山；夏云宜树；秋云宜水；冬云宜野。着眼总是浮游，观化①颇领②幻趣。

【注释】

①观化：观赏云态的变化。

②领：领略。

【译文】

春天的云，在山中最美妙；夏天的云，在树巅最美妙；秋天的云，在水上最美妙；冬天的云，在野外最美妙。放眼所见，浮游幻化不停，观赏它，颇能领略云态变幻的奇趣幻妙。

【评点】

幼时对云的印象最深。天气晴明的时节，天上白云朵朵飘浮，映衬着丽日蓝天。若是天晚，夕阳映得云片通红，渐渐地从通红变得染上一道金边，又渐渐地一道金边也褪去，云色都变得乌青，夜色就真的来临了。若是逢上雨前，风阵阵急吹，云朵在天上也急急赶路，你看着它面目黧黑，奇形怪状，像是捉鬼的一队无常，它们自己也无常地改换着模样。最好看的是二八月出巧云：天上的云一会儿像狗，一会儿像猫，这一刻明明看上去像个人，鼻子嘴巴宛在，下一刻就成了一只骆驼。云在天上变幻得热闹，小孩在地上看得痴呆。十几岁时，骑着自行车，贪看天上一圈白云围住一洼蛋青色的天，直想让人一头扎进那里面，结果跌了一大跤。爬起来继续看，那个时候真是痴的。

也真的于春日山中看过云，也于夏日树巅看过云，也于秋日水边看过云，也于肃杀的冬日荒野看过云。季节变了，云也不同。春云温软，夏云热烈，秋云澹静，冬云萧条。且又于飞机上看过云，朝下看，层层亭台，座座楼阁，塔柱高耸，廊转曲折，宛如真有天宫。真是如梦如幻，似雾似仙。

云看多了，再回头看世相，发觉世上事真如云遮雾掩，难以看清真相；又如云气多变。看云于千变万化，说尽世间真理：最不变的，就是一个"变"字。此时此刻，就真的用得上古人那句话："宠辱不惊，静看花开花落；去留随意，任它云卷云舒。"

第二九则

一叶①放春流，束缚人亦觉澹宕②；孤尊③听夜雨，豪华辈④尚尔凄其。

【注释】

①一叶：指一叶扁舟。

②束缚人：拘谨呆板，被社会规则重重束缚的人。澹宕：澹，指恬静、安然的样子；宕指不受拘束，流动富于变化。意即身心放达，宁静流动。

③孤尊：独自饮酒。尊，即樽，指盛酒的器物。

④豪华辈：出身富贵的人们。南朝宋谢灵运《昙隆法师诔》："生

自豪华，家赢金帛。"

【译文】

　　一叶扁舟在春水中浮荡，哪怕是再拘谨呆板的人也觉得身心放达，宁静流动；于潇潇夜雨中举杯独饮，即使出身富贵，也觉凄凉难堪。

【评点】

　　心境和环境是密不可分的，正所谓"感时花溅泪，恨别鸟惊心"，所以南朝梁·吴均会作《与朱元思书》，将风光尽情描绘："风烟俱净，天山共色。从流飘荡，任意东西。……水皆缥碧，千丈见底。游鱼细石，直视无碍。……"然后深有感触，写道："鸢飞戾天者，望峰息心；经纶世务者，窥谷忘反。"所以，拘束在无限红尘，操劳于不尽的世间俗务，还是要抽出一点时间，去看望一下山山水水，散宕一下身心，才能够继续有勇气过人生。

　　不过，也要当心，不要让自然景象过分影响到自己的心绪。春流放舟而觉欢欣自然是好的，而夜雨孤樽之际，还是分些心，想些高兴的事情，不要太过凄凉。纳兰性德有词《浣溪沙》："残雪凝辉冷画屏，落梅闻笛已三更。更无人处月胧明。我是人间惆怅客，知君何事泪纵横。断肠声里忆平生。"这"断肠声里忆平生"，就是因为看到残雪与落梅，听到幽怨的笛声，看到凄凉的月色。

　　不过，话再说回来，这环境影响人心，又哪里会因为人富贵与否呢？风雪雨露，花落花开，待世人一视同仁。忧虑悲伤，欢欣喜悦，也不分贵贱贫富。一颗心大了，能盛得下全世界，更何况自然界的风霜雨雪；一颗心小了，一朵落花尚且伤人，更何况风刀霜剑严相逼。

第三十则

清疏畅快，月色最称风光；潇洒风流，花情何如柳态。

【译文】

若论清幽明朗，令人心神舒畅，月色最是无限风光；若论意态潇洒，神情风流，花的面貌怎么能比得上柳的模样？

【评点】

太阳和月亮相比，一阳一阴，日头盛盛烈烈，月亮清清凉凉。民间叫太阳有"老爷儿"的说法，称月亮有"老母"的说法，二者也正如严父慈母一般，骄阳当头，育养万物，月挂中天，滋润人间。比起日头之威，人们还是更喜欢月色之柔。看那月洒竹梢，风拂叶动，格外如画，果然令人清疏畅快。

鲜花和柳丝相比，二者同为美人，鲜花艳丽而柳丝清淡；鲜花繁盛而柳丝袅娜。鲜花着锦人人爱，可是热闹太过了，也教人感觉有些疲累；柳丝映月，微拂凉风，适宜吹笛清音，确实潇洒风流。古人爱柳之诗也颇多，如"沾衣欲湿杏花雨，吹面不寒杨柳风"，"月上柳梢头，人约黄昏后"，"碧玉妆成一树高，万条垂下绿丝绦"，如此种种。不过古人爱花之诗也塞山填海，不必赘述。所以爱花还是爱柳，也只是个人审美意趣不同而已，并不作得真。喜爱鲜花的，自可理直气壮喜爱鲜花；喜爱日色的，也自可理直气壮喜爱日色。俗话说各花入各眼，天生万物，又岂有不好的呢？若是能广修心胸，容纳万物，欣悦万物，就是最好的事了。

第三一则

木食草衣①元本性，非关泉石膏肓②；绿肥红瘦漫批评③，总是风流罪过。

【注释】

①木食草衣：以田野草木出产的果蔬为食，以草叶树皮为衣，遮体御寒。此处是指过一种简朴散淡的隐居生活。

②泉石膏肓：泉石，泉水和溪石，以此代指悠游山水之间。膏肓，古代医学以心尖脂肪为膏，心脏与隔膜之间为肓。病入膏肓，即不可救药之意。泉石膏肓，指的是迷恋山水，不可救药。

③绿肥红瘦：形容晚春景象。语出李清照《如梦令》："知否，知否，应是绿肥红瘦。"漫：随意，不受约束。批评：评论。漫批评，指随意品评。

【译文】

以田野草木出产的蔬果为食，穿草叶树皮做成的衣服，这本来是人的本性，与极度迷恋泉石野趣的生活无关；引得人们随意批评绿肥红瘦的晚春景象，总是因为风吹雨打的罪过。

【评点】

《牡丹亭》里的杜丽娘梳妆了要去游园，丫鬟夸她打扮美，她有一段唱词："你道翠生生出落的裙衫儿茜，艳晶晶花簪八宝钿。可知我一生儿爱好是天然。"这个"一生儿爱好是天然"说得好，道出人的天性。

人的天性除了"自然"，还有"美"，所谓爱美之心，人皆有之。所以我们会赏花、赏月、赏云、赏风。我们会游园、会出行、会花间流连，会泛舟清流。不但要赏，还要评，讲说这朵花开得不好，那朵花开得好；这样的花插美女耸肩瓶好，那样的花插球形的花囊好；不但要评，还要写，还要画，还要读，还要思，还要忆。且除了赏桃花，还要赏人面，品评美人的短短长长，搞得自己痴痴傻傻。天性风流，没办法。

第三二则

抱质见猜①，平叔终疑傅粉②；从中打涮③，不疑难白盗金④。人苟⑤心迹自明，何妨形骸相索。

【注释】

①见：被。见猜，被猜疑。

②平叔：即何晏，其貌白，人称傅粉何郎。三国魏玄学家，字平叔，南阳宛县（今河南南阳）人，汉大将军何进之孙，为魏晋玄学的创始者之一。南朝宋刘义庆《世说新语·容止》："何平叔美姿仪，面至白，魏明帝疑其傅粉。正夏月，与热汤饼。既嗽，大汗出，以朱衣自拭，色转皎然。"

③涽：即混。打混，掺在里面裹乱、捣乱。汉·王褒《圣主得贤臣颂》："虽崇台五层，延袤百丈，而不涽者，工用相得也。"

④不疑：即直不疑。西汉文帝时人。南阳人，官至御史大夫，精通崇尚黄老无为学说，做官低调收敛，一切照前任制度办，唯恐人们知道他做官的政绩。也不喜欢别人以官名称呼自己，人们叫他长者。在汉文帝的时候，他曾经担任郎官。一次，他的同房郎官中有人请假回家，但是这个人错拿了另外一个郎官的黄金。不久，黄金的主人发现了黄金的丢失，便胡乱猜疑是直不疑干的。对此，直不疑没有做任何的辩驳，他买来了同等的黄金，交给了失主。过了几天，请假回家的郎官返回来，把错拿的黄金交还给了失主。这个丢失黄金的郎官十分惭愧，向直不疑道歉，直不疑十分大度，没有任何怨言。因此，远近的人都称赞直不疑是位忠厚的人。汉文帝也称赞并提拔了他，他逐渐升至太中大夫。

⑤苟：倘若，如果。

【译文】

本来是天生丽质，却总被无端猜疑，所以面白的何平叔始终被人怀疑脸上敷了白粉；众人趁乱收取金钱，直不疑因此难以辩白盗金的嫌疑。做人如果能够心地清白，问心无愧，又何必担心肉质形体被连累。

【评点】

《吕氏春秋·有始览·去尤》篇曰："人有亡斧者，意者邻之子，视其行步，窃斧也；颜色，窃斧也；言语，窃斧也；动作态度，无为而不窃斧也。俄而抇其谷而得其斧，他日复见其邻人之子，动作态度，无似窃斧者。"说的是从前有个人，丢了一把斧子。他怀疑是邻居家的儿子偷去了，便观察那人，那人走路的样子，像是偷斧子的；看那人的脸色表情，也像是偷斧子的；听他的言谈话语，更像是偷斧子的，那人的一言一行、一举一动，无一不像偷斧子的。不久后，他在挖他的水渠的时候发现了斧子，第二天又见到邻居家的儿子，就觉得他言行举止没有一处像是偷斧子的人了。

这就是"疑邻盗斧"的故事，一个"疑心生暗鬼"的典型事例。疑心旁人为鬼倒不打紧，设若自己是那被疑为"鬼"的人呢？怎么办？就像何平叔，明明自己是天生的白，却老是被人怀疑敷了粉；或者是直不疑，明明自己无辜，却无端被人怀疑偷了黄金。被冤枉的感觉，真像窦娥一样，非六月飞雪不足以证清白。声嘶力竭地辩白吗？人们不会信的，反而会说自己是贼喊捉贼；悲愤莫名地遁世吗？人们不会同情，反而会说自己心怀鬼胎；当此之时，神色安静，心情淡定，只管过好自己的生活，任尔东西南北风，那股庸俗暴戾的邪风反而拿自己无可奈何了。

天下本无事，庸人自扰之。为今之计，是既不做那无事自扰的庸人，也不做被庸人无端扰乱的人。

第三三则

万籁发声俱直入，唯出松间竹里，曲折抑扬，八音①同奏。或如细浪轻吹，棹②声远度；或如狂涛滂渤③，蛟龙夜惊。妙韵异响，十倍天乐。

【注释】

①八音：指金（钟）、石（磬）、丝（琴瑟）、竹（箫管）、匏（笙

竽）、土（埙）、革（鼓）、木（祝敔）八类不同材质的乐器，后以八音统称乐器。此处泛指音乐。

②棹：一种划船的工具，形状和桨差不多。

③滂渤：气势盛大的样子。汉·枚乘《七发》："观其两傍，则滂渤怫郁。"

【译文】

自然界的各种音响，都是直接发声，很是单调；只有声音从松间竹林中出来，婉转抑扬，如同八音合奏。或是如轻波细浪，柔婉歌吹，慢桨轻摇，凌波渡水而去；或是如惊涛骇浪，蛟龙夜深惊舞。奇妙的音韵响声，比十倍的天上仙乐都好听。

【评点】

宋·詹玉有"松涛摇睡"语，白玉蟾有"响入松涛震崖谷"和"松涛夜吼有无间"语，元·张可久有"小瓶声卷松涛"语，明·唐寅有"松涛谡谡响秋风"语，程嘉燧有"夜瓢明月煮松涛"语，杨基有"日华云影映松涛"语，清·魏源有"松涛一涌千万重"语……竹韵更不必说，早被前人吟咏不尽。

真羡慕他们，有松可看，有松声可闻，有竹可看，有竹韵可闻。如今想听松涛、闻竹韵，只怕不易，偶听一次，真是曲折抑扬，八音同奏。风小时细浪轻吹，甚若佳人耳边絮语；风大时如狂涛大作，海底蛟龙翻腾，教人神魂皆惊。古时山石竹木甚多，到处即是，触耳即听，如今倒成了奢侈。

第三四则

佞佛①若可忏罪，则刑官②无权；寻仙可以延年，则上帝③无主。达人尽其在我，至诚贵于自然。

【注释】

①佞佛：谄媚佛；讨好于佛。

②刑官：掌刑法的官吏。《周礼·秋官·序官》："刑官之属大司寇卿一人。"北周·庾信《正旦上司宪府》诗："苍鹰下狱吏，獬豸饰刑官。"

③上帝：天帝。《易豫》："先王以作乐崇德，殷荐之上帝，以配祖考。"

【译文】

如果犯了罪通过讨好佛祖就能够免除罪孽，那执掌刑法的官吏就没有权力处置人间是非；如果怕死的人通过寻仙访道就可以益寿延年，那么司命的天帝就不能执掌人间寿命。做一个豁达而知天命的自己，最宝贵的心态就是能够顺其自然。

【评点】

贪官污吏、违法乱纪、失道无德的人，哪怕日日诵经拜佛，也难逃法律的严惩、道德的指摘和良心的谴责，若是都能够吃斋念佛便能逃避惩罚，这佛祖岂不如贪官一样了？其实拜佛不过是为的修心，将一颗心修得无欲无求，清净自在，自然便不会违法乱纪、失道无德。而所谓的"放下屠刀，立地成佛"，也不过是说若是你作恶多端，到头来幡然醒悟，一颗心宛如新生，干干净净，便如同佛祖一般庄严神圣；而不是说你作恶多端，到最后念几句佛号虚应故事，便能够获得佛祖赦免——哪有那么便宜的事？全看你的心有没有改变，若是醒悟了，哪怕接受人间惩罚，也是心甘情愿；若是未曾醒悟，佛祖又赦免你做什么？其实佛祖赦免不赦免，又有什么，全看你自己的心有没有醒过来。醒过来便成佛作祖，醒不过来仍旧是一介屠夫。

有生便有死，而人大都乐生而恶死，所以会想尽一切办法延长生命，甚至疯狂如秦始皇，会派人求取仙药，痴心妄想长生不老，可他还是死了。每个生命都无一例外地由新生走向死亡，这是人间铁则。所以，与其花费精力延年益寿，倒不如读书、求知、做事、服务社会，以扩宽生命的高度、厚度与深度，到最后死而无憾，圆满以终。即便什么也不肯做，其实也没有什么，只要豁达一些，知道生与死是每一个生命的一体之两面，从容接受它，一切任其自然发生，也是极好的事。

第三五则

树散一庭之玉，草生千步之香。无问人物琳琅，气色已见蓊郁。

【译文】

玉树散开满庭芳，好像翠玉铺满庭院阶前；碧草滋生，千步生香，布满阶下长廊。不必问人物是怎样的琳琅生姿，单看这草木茂盛的气色，就已经蓊蓊郁郁，想必主人也不同于凡夫俗子。

【评点】

草木也随人气象。

古时草木深，不像而今，若能得一屋置草木之间，是风雅乐事；古时若是房前屋后处处草木，会令人觉得荒凉，有无人登门、遭人嫌弃之嫌，就如杜甫诗所言"花径不曾缘客扫，蓬门今始为君开"，作者因有客上门，倍感欣慰，可见平时多么孤单。而真正风雅的人，是不怕这些的，所以刘禹锡居住陋室，却是"苔痕上阶绿，草色入帘青。谈笑有鸿儒，往来无白丁"。不看鸿儒往来谈笑，只看这阶上苔痕，入帘草色，也便知主人不俗，否则定是拼了命地抹油涂朱，搞得金碧辉煌，也无气象。

真正的好屋，是树植庭院，芳草绵延，而非盆栽处处，花盆点点。屋里的盆栽再美，花盆里鲜花开得再艳，怎及得上庭院风光那真正的"天然"？单看这芳树芳草，就让人对主人高洁人品、丰盛学识无限遐想。

第三六则

人如成心畏惧，则触处畏途。如满奋①坐琉璃屏内，四布周密犹有风意。

【注释】

①满奋：字武秋，山东昌邑人，晋武帝时任尚书令、司隶校尉。

他非常怕风。《世说新语》载："满奋畏风，在晋武帝座，北窗作琉璃屏，实密似疏。奋有难色，帝笑之。奋答曰：'臣犹吴牛，见月而喘。'"

【译文】

做人如果心存畏惧，则做事会瞻前顾后，到哪里都觉得令人恐惧，不敢放开手脚。如同怕风的满奋坐在琉璃屏里，四周布置严密，却仍然觉得有风吹来，心生恐惧。

【评点】

"畏惧"这件事，须从两面看。

若是做正当事情的时候心存畏惧、前怕狼后怕虎，必定一事无成。这是"畏惧"害了人；若是做不当事情的时候心存畏惧、前怕狼后怕虎，必定不蹈险境，不陷囹圄，不污清名。这是"畏惧"成全了人。

说到底，心存畏惧是好的，做人万不可头脑一热，无论什么事情都不顾命地做起来。如同赌博，一心求赢，究竟胜者能有几人？还是要左思右想，多方权衡，若真的要做，那便理智冷静，胆大心细，微步缓行，以求全胜。

第三七则

龙津一剑①，尚作合于风雷；胸中数万甲兵，宁终老于牖②下。

【注释】

①龙津一剑：《晋书·张华传》记载，当初东吴未灭时，斗星与

牛星之间常有紫气，吴平之后，紫气更加明显。张华听说豫章人雷焕精通谶纬天象，就邀请雷焕登楼仰观天象，雷焕说此是宝剑的精气上彻于天。张华请雷焕寻剑。后来雷焕果挖地得一石匣，匣中双剑，剑上刻字，一名龙泉，一名太阿。雷焕派使者送一剑给张华，留一剑自己佩用。张华收到剑，给雷焕写信说："详观剑文，此剑就是干将，与其相配的莫邪，怎么没有送来？虽然二剑分离，天生神物，终于会会合的。"后张华获罪被杀，宝剑干将不知去向。雷焕死后，其子雷华带莫邪剑经过延平津，剑忽从腰间跳出落入水中，只见两条龙各长数丈，盘绕水中，身有花纹，片刻光彩照人，波浪大作，于是此剑消逝。

②牖：窗。

【译文】

干将、莫邪这对宝剑，虽然分离，尚且在风雷中遇合相并；胸中藏有能指挥数万军队的兵韬战略，又怎能平凡地终老于林下草间？

【评点】

沙漠里有一种茅尖草，这种草，地面上的茎叶只有一寸，地底下的根系却深达二十八米，平时枯干成一团，软趴趴地趴在地面，一旦雨季来临，它就凭着深长的根系迅速生长，然后迅速变成沙漠里长得最高的一种草，迎着太阳和天空舞蹈。

草如人，人亦如草。若自视如同草芥，一生甘于平庸，那还有什么话说。若是志气不堕，满腹才学，如这种茅尖草，差便差的只有天上甘霖，也便是"机会"二字。而机会是从来不缺的，一旦抓住，一飞冲天，指日可待。

用牙粉刷牙，在民国初年十分时尚。当时日本"金刚石"牌牙粉行销中国市场，一位名叫陈蝶仙的文人生产了一种牙粉，取名"无敌"牌，以谐音画了只蝴蝶作为商标。适逢全国掀起抵制日货运动，陈蝶仙抓住机遇，大力宣传提倡国货，结果国货战胜舶来品，"蝴蝶"咬碎了"金刚石"。

商界需要机会，艺术界也需要机会。有个匈牙利钢琴家尼里基·哈齐，时运不济，人地两生，沦落到在一家餐厅弹钢琴。美国的核物理学家、氢弹之父冯·卡门就在举办的一个欢迎爱因斯坦的宴会上，特意请他来演奏，参加者中有一大批艺术家和音乐会代理人，只要他能抓住这次机会，何愁不扬名天下？可是当爱因斯坦的夫人心血来潮，要爱因斯坦拉小提琴和哈齐合奏的时候，哈齐却勃然大怒："我从来不为任何人伴奏！"结果爱因斯坦兴致勃勃，照拉不误，倒霉的哈齐失去了扬名美国音乐界的机会，被忘得一干二净。

该怎么评论这件事？有人说他清高，我说他活该。

第三八则

一勺水具沧海①味。世味无取尽尝，道味会有同嗜。

【注释】

①沧海：指大海。因其一望无际、水深呈青苍色，故名。曹操有诗《步出夏门行》，云："东临碣石，以观沧海。"

【译文】

一勺水也有大海的味道。世间味道不必都拿来尝一尝，人间道味其实都是一样的。

【评点】

常言道"窥一斑而知全豹",又说"见微而知著",就是这个意思。世间滋味,历朝历代俱是如此,哪个年代都有别离,哪个年代都有情爱,哪个年代都有背恩,哪个年代都有辜负,哪个年代都有放达,哪个年代都有隐逸,哪个年代都有用世,哪个年代都有功业,哪个年代都有山有水,哪个年代都有宫有室,哪个年代都追名,哪个年代都逐利。

光是时间线上如此吗?这个地方有别离情爱背恩辜负,那个地方也有;这个地方有放达隐逸用世功业,那个地方也有;这个地方有山水宫室,那个地方也有;这个地方追名逐利,那个地方也追名逐利。

因为人性本就如此,只不过换了布景和衣衫,世世代代主题不曾改换。

第三九则

说法谭经,片石曾闻点头①,山龙尚能出听。至言②在耳,大道见前③,各具慧心④,可无领略。

【注释】

①"片石"句:《莲社高贤传·道生法师传》记载,晋宋间高僧道生,在虎丘以石为徒,对它们讲《涅槃经》,说到阐提有佛性,群石皆为点头。

②至言:真言,有深刻道理的话。

③大道："道"是中国乃至东方古代哲学的重要哲学范畴，表示"终极真理"。见，通"现"，即出现。

④慧心：原是佛教用语，指能够领会佛理的心，现在泛指智慧。

【译文】

高僧说法谈经，甚至听说过顽石闻佛法而点头，老龙也出洞谛听。至理名言听在耳内，人间大道现在目前，每个人都有智慧，怎么能一点都领略不了其中奥妙？

【评点】

禅宗六祖慧能本是樵夫，一日听得一句"应无所住，而生其心"而彻悟。又有一位无名禅僧，没有人知道他是哪里人，也没人知道他的法号。一日，他偶然经过一个闹市，当他走到一座酒楼之下时，芒鞋的带子开了。他在停下整理鞋袜时，无意之中听到楼上有人唱道："既然你无心，我也就作罢了。"忽然间，无名禅僧觉得身心踊跃，大悟禅机。从此，他自号"楼子和尚"。

所以，若对生命有诸多疑问，不必拘泥于必要聆听高僧大德说法，或是钻研深刻理论，时时刻刻留心你听到的一首歌的歌词，你读到的一篇文章里的资讯，你看的一部电影的故事情节，你遇见的一个人无意中说的话，或一条河、一片海洋的私语，轻抚你耳朵的一抹微风——所有这些，里面都蕴含着答案。只要你肯找，它便在。有慧心，便领略。

第四十则

以晋人之风流^①，维以宋人之道学^②，人品才情，总合世格。

【注释】

①晋人之风流：即魏晋风流，也称作"魏晋风度"，为文化史上的专有名词。"风度"原是魏晋时用来品评人物的词语。魏晋时期，人们对人物的品评由道德风范转向人物外貌，进而发展到人物的精神气质。

②宋人之道学：道学，始见于《隋书·经籍志》，原指老子创立的有关道的学说，它包括哲学的道家、宗教学的道教以及属于人体生命科学范围的内丹学。中国古文献中凡较严肃的学术分类或艺文志书，皆以儒、道并举，未有将儒家学说称为"道学"者。《宋史》立"道学传"，遂致"伪道学"之诮。

【译文】

把魏晋年间狂放不羁的名士风流做派，规制于宋人严谨刻板的道学，（只有如此）人品才情，才能够合乎人间世道。

【评点】

魏晋名士言谈超拔，举止飘逸，风度卓然，过一种完全艺术化的人生。他们以"竹林七贤"和"兰亭名士"为代表，狂放不羁、率真洒脱，谈话意旨玄远，文采辞章华丽好看。

他们的人生确实很精彩，例如竹林七贤散坐谈玄，王羲之等兰亭名士兰亭聚会。他们有的吟咏啸歌，有的沉思默坐，有的树下打铁，有的笔墨人生，过的是一种艺术化的人生。

问题是，有的时候，他们把艺术化人生给演绎得有些过了。比如《世说新语·任诞》记载："刘伶恒纵酒放达，或脱衣裸形在屋中，人见讥之。伶曰：'我以天地为栋宇，屋室为裈衣，诸君何为入我裈中！'"意思是刘伶喝酒放纵，在家里赤身裸体，有人责备他。刘伶说："我把天地当作我的房子，把屋子当作我的衣裤，诸位为什么跑进我裤子里来！"

还有："诸阮皆能饮酒，仲容至宗人间共集，不复用常杯斟酌，以大瓮盛酒，围坐相向大酌。时有群猪来饮，直接去上，便共饮之。"

如此种种，不一而足，令世人侧目。

宋人道学，即后人所说的"宋明理学"。所谓理学，是指直接承继孔子到孟子的先秦儒家，同时也有选择性地吸收扬弃了道家、玄学、道教以及一些佛教思想的一种新的思想体系，由北宋程颢、程颐建立，南宋朱熹集其大成。一篇《畅谈朱熹和他的名言"存天理、灭人欲"》的文章中，援引了一系列数据：

"《明史·列女传》中记载的妇女，其中有守节养亲37人，未婚守节9人，扮男装守贞从军、经商2人，殉夫44人，未婚殉夫11人，守节拒强逼嫁卖自尽11人，拒强娶自尽1人，被夫弃而为尼自尽1人，被籍没自尽2人，与姑、夫失散而自尽1人，名声被污自尽1人，失火不出而死2人，水灾因见男子裸体甘愿溺死3人，兵乱将至自尽175人，拒辱自尽12人，拒掳辱抗贼被害38人，国破从夫尽节9人。

……这些贞洁烈女，《后汉书》中记载7人、《晋书》中有15人、《魏书》和《南史》中10人、《隋书》中7人、新旧《唐书》中有20人，到了《宋史》中还不是很多，记载增至37人。

但《元史》猛增至 174 人，《明史》更增至 300 余人，《清史稿》则更增至 500 余人！

而且元以后更有大量未婚女子为素昧平生的聘夫守节者（《清史稿》中多达 22 人）！

《明史》中记载，尤氏夫死后恶少说她美目流盼，便使用石灰揉瞎眼睛，自缢未死，又撞石而死！

《清史稿》中更记载一女子因为睡觉时帘子开了，疑心被人偷看，于是自杀而死！

宋朝以后，守节女子空前增多，为了守贞，动辄轻生，大约就是因了这句话："饿死事小，失节事大。"它出自于程颐之口。朱熹又进一步提出"存天理，灭人欲"。

理学兴盛，致使宋朝以降，人们谨言慎行，穿衣打扮都迥异于唐人——唐人穿衣袒胸露臂，宋人穿衣严密裹身；更遑论理学形成强大的社会舆论，使得妇女或主动或被动地为守节丧失性命。如此种种，也令后世人侧目。

魏晋风流和宋明理学发展到后来，都偏离了中庸之道，故而显露种种怪相。倒不如把二者结合起来，狂放稍敛而克制稍去，以达平衡，这样才能收放有道，云卷云舒。

第四一则

良心在夜气清明之候；真情在箪食豆羹①之间。故以我索②人，不如使人自反③；以我攻④人，不如使人自露⑤。

【注释】

①箪食豆羹：箪，古代盛饭食用的竹器，圆形，有盖。豆，古时盛食物用的器具，形似高足盘，一般有盖。此处以此来形容细微普通之事。

②索：求，求取。

③自反：反躬自问，自我反省。《礼记·学记》："知不足，然后能自反也。"

④攻：指责，抨击。

⑤自露：自己发现错误。

【译文】

夜气清朗，明月高照的时候，人最容易良心发现；粗茶淡饭，一饮一啜之间，最容易发现人间真情。所以与其由我来启发引导别人，不如使别人自我反省；由我来指责别人，不如使别人自己发现错误。

【评点】

生而为人，有谁能没有良心呢？只不过许多人忙于生计或心机，把良心给遗忘到黑暗的角落罢了。待到风清月明，反躬自省，自会羞惭愧悔。

生而为人，有谁能没有真情呢？只不过许多人忙于金钱和权势，把真情给遗忘到黑暗的角落罢了。待到远离觥筹交错，坐在朴素的饭桌前，吃一碗朴素的饭和一碟朴素的小菜，和曾经长久忽视的人安静对坐，真情便会如明月出天山。

所以，若是别人做错了什么事情，不必站在道德的高度去谴责他，不如让他自己谴责自己；也不必去千夫所指，只要那人自己指向自己也就够了。

而对于自己来说，自我反省是一种能力：我有丧失良心的时候吗？我有迷失真情的时候吗？我有辜负过人吗？我有伤害过人吗？我有压制过人吗？我有坑陷过人吗？如果有的话，自己想一想，应该怎么做吧。

第四二则

蓬窗①夜启，月白于②霜；渔火沙汀③，寒星如聚。忘却客子作楚④，但欣烟水留人。

【注释】
①蓬窗：即篷窗，船舱上的小窗户。
②于：比。
③沙汀：水边或水中的平沙地。
④客子作楚：即楚客，指客居他乡的游子。

【译文】
夜里，把船舱上的小窗打开，外面的月色比霜还白，透照进来；远处点点渔火映照沙洲，天上寒星攒攒簇簇。一时间忘记了自己是一个游子，客居他乡，只欣快于让人流连忘返的烟水。

【评点】
乡愁最是难消受，所谓"露从今夜白，月是故乡明"，"独在异乡为异客，每逢佳节倍思亲。遥知兄弟登高处，遍插茱萸少一人"，"举

头望明月，低头思故乡"……可是，也不能总是思念，倒不如暂将乡
愁放下，专心欣赏白月沙滩、天上繁星，以片刻的欢愉和轻松，抵御
离别的忧伤和寒冷。

第四三则

诗云："芳草萋萋，王孙不归。"①夫春草碧色，红香成泥。紫骝
正蹀躞于芳尘②，游思方飘忽于韶景③。写忧行乐，宁赋归来④；若夫木
落霜飞，秋光冷落，风送捣衣之韵，柳衰系马之条，虽非思动寒莼⑤，
客兴于兹萧索。

【注释】

①"芳草"二句：语出《楚辞·招隐士》"王孙游兮不归，春草
生兮萋萋。"王孙，王爵的子孙，泛指贵族子孙，古时也用来尊称一
般青年男子。

②紫骝：黑鬣黑尾的红马。蹀躞（dié xiè）：小步走路。

③韶景：指春景。

④宁赋归来：谓陶渊明《归去来兮辞》。

⑤思动寒莼：指思乡之情。典出《世说新语·识鉴》："张季鹰
辟齐王东曹掾，在洛见秋风起，因思吴中菰菜羹、鲈鱼脍，曰：'人
生贵得适意尔，何能羁宦数千里以要名爵！'遂命驾便归。俄而齐王败，
时人皆谓为见机。"

【译文】

诗里说："芳草萋萋，王孙不归。"那春天的草茸茸生碧，花朵零落成泥，骏马在尘路上四蹄踏踏，轻快前行，心头思绪在美景面前飘忽不定。笔底生忧，人间行乐，令人不禁想赋一首《归去来兮辞》；若是等到那碧叶凋落，冷霜飞来，秋天风光无比冷落，风里送来捣衣的声响，衰柳成了远行之人系马的绳索，客游江湖，虽然未曾动思乡之情，兴致在目睹此景之时也变得萧索。

【评点】

人与自然本为一体，息息相关。雾霾天气，人的心情也会压抑沉闷；艳阳高照，人的心情也会明朗欢欣。春天是最美的季节，经过一个灰扑扑的冬天，春天的花事盛开。春花没有叶子。枝子从整整三个月的严寒里挺过来，硬如铁丝，来不及点缀绿叶，花就迫不及待开了上去。小，密，挤，像爆开花的豆子。夏天的花是女人穿着的大裙子，香艳，浓烈，朵大如杯，春天的花只能算女人的衣裙上满缀着的花蕾，又像绽开的外皮里面裹着的层层叠叠纷纷碎碎的石榴子。

从冰寒雪冷，绿暗红稀，到芳华繁盛，春树春枝，春天像个序曲，花朵吹响笛子，对春天的漫长期待终于变成惊喜。这个时候，文人才思如涌，写下一篇又一篇歌咏春天的篇章。

可是惊喜不过是一时的事。日子越过越盛大了，而热烈骀荡的夏季风情也终于过去，秋风萧瑟，洪波涌起，文人满腹才思也化为愁思，吟下如"秋风萧瑟天气凉，草木摇落露为霜"，"无边落木萧萧下，不尽长江滚滚来"之类的句子。真是花魂万般无情绪，鸟梦痴痴到处惊。到得此时，的确是意兴萧索，笔底阑珊。

其实秋天不光有落叶，还有成排成阵的大白菜，被稻草裹住叶裙，安静地在风中站立。棉花开得雪白，一只蟋蟀咯吱咯吱地叫着，天上一片一片的云彩。而秋风起兮，遍地落叶遍地金也是不错的景致。秋草蓬松，雨丝斜织里一派清明的酸辛岂非正是秋的本味！

所以，还是要豁达一些，春来赏春，夏来观夏，秋来味秋，冬至过冬，一天天地过下去，天天都有好滋味。

第四四则

投好太过，丑态毕呈；效颦①自怜，真情反掩。试观广眉②，争为半额，楚宫③至今可憎。

【注释】

①效颦：用的是东施效颦的典故，出自《庄子·天运》："故西施病心而颦其里，其里之丑人见而美之，归亦捧心而颦其里。其里之富人见之，坚闭门而不出；贫人见之，挈妻子而去之走。彼知颦美而不知颦之所以美。"

②广眉：把眉毛描画得宽阔。东汉时长安有民谣："城中好高髻，四方高一尺；城中好广眉，四方且半额；城中好大袖，四方全匹帛。"这首童谣收在《后汉书·马廖传》中，这首诗被马援之子马廖上疏皇太后时引用，目的是讲上行下效的道理。

③楚宫：指楚灵王爱细腰宫女，许多女子便束腰不食，以致体弱者因饥饿而死。

【译文】

一个人若是对人逢迎拍马、投其所好太过，就会丑态毕露；若是像东施效颦那样自怜自怨，也就遮住了真面目。不信可以看一看一时流行之下，大家争着画宽阔的眉毛，竟然占据了半个额头；楚王喜爱细腰宫女，于是大家竞相减肥，竟致饿死。这样的行径，至今想起，仍令人觉得可憎。

【评点】

因有所求而投人所好，极容易失之太过，外人看上去就不成样子。可是官场上这样的情形实在极易见到，官大的高高在上，小官和非官者甜言蜜语水一样冲着他泼，被泼的扬扬得意，泼人的卑躬屈膝，笑纹堆叠得能夹死蚊子。这还不算，还有那吮痈舐痔者，比如汉文帝刘恒长疮，邓通为了讨好他，竟然吮吸刘恒的疮脓，让人恶心至极。不过他也得了丰厚回报，刘恒赐铜山给他，教他随意铸钱。上司和下属之间，谋人者与被谋者之间，极容易出现这样的丑态。一曰利字当头，一曰此种局面不可除也，这也是没有办法的事情。

还有女子追赶流行，削足适履，也实在常见。东施见西施捧心为美，于是自己也捧心而走，呕得人不行。世上女子是此时见双眼皮好，就一窝蜂割双眼皮；见锥子脸好，就一窝蜂削成锥子脸。古时女子亦是如此，一个人画宽眉，就所有人都画宽眉；一个人涂黑唇，就所有人都涂黑唇；一个人额贴花钿，就所有人都额贴花钿；唐朝一个公主穿百鸟毛的彩裙，就大家都打鸟拔毛来织裙穿，搞得皇帝下令禁止，否则现代的天空里一只鸟雀都看不见。爱美爱到人云亦云，模糊了自家的真面目和真性情，真是可叹。可是这也是没有办法的事情，一曰皮相为重，一曰此种局面不可除也。

若是有这样的人，旁人纷纷趋附的时候，他避离；旁人纷纷以高官厚禄为喜的时候，他独为悲；旁人纷纷爱美爱到不择手段的时候，她只是爱好天然，那就是一个清醒的人，一个独立的人，一个脱离了低级趣味的人，一个不为人群和群体意志左右的人，一个了不起的人。

第四五则

曹仓邺架①，墨庄书巢②，虽抉秘于琅嬛③，实探星于东壁④。人文固天文相映，拥书岂薄福所能。

【注释】

①曹仓：藏书仓库。《拾遗记·后汉》记载：曹曾有万余卷藏书，时逢乱世，他怕藏书被毁，就垒石为仓，用来藏书。邺架：比喻藏书丰富之处。李泌是唐德宗贞元年间宰相，封邺县侯。其父李承休藏书两万余卷，有求读书者李家还供其食宿。唐·韩愈有诗《送诸葛觉往随州读书》："邺侯家多书，插架三万轴。"

②墨庄：指丰富的藏书。宋·叶廷珪《海录碎事文学》："刘式死，其妻聚书千余卷，指示诸子曰：'此汝父尝谓此为墨庄，今贻汝辈，为学植之具。'"书巢：藏书屋。陆游《书巢记》："陆子既老且病，犹不置读书，名其室曰书巢。"

③琅嬛：汉族传说中天帝藏书的地方。后泛指珍藏书籍之所在。也借指仙境。《初刻拍案惊奇卷三·刘东山跨技顺城门十八兄奇综村酒肆》是我国关于"琅嬛"最早的记载："元（原）来如此，好似琅嬛。"用来比喻某人藏书众多，亦可比其作琅嬛。

④东壁：星宿名。即壁宿。因在天门之东，故以此名。宋•孙奕《履斋示儿编•正误•东壁东井南箕北斗》："二十八宿以四方为名者，唯井、壁、箕、斗四星而已……离宫在南则壁在室东，故称东壁。"后借此称皇宫藏书处。《晋书天文志上》："东壁二星，主文章，天下图书之秘府也。"

【译文】

曹仓垒石为仓，用以藏书；李泌之父制架插书三万轴；刘式遗书千余卷，称为"墨庄"，以利后辈；陆子老病之际，读书不辍，给自己的房间命名"书巢"。看上去是人间藏书众多，实际上却好比在天上探访藏书甚富的壁宿。人文和天文本来就是相互映照，坐拥书城怎么能是福薄之辈能够做到的呢？

【评点】

《世说新语》是磊磊之石，萧萧之树；《黄河边的中国》里生活着民生艰难的乡亲父老；《荆棘鸟》里一只追梦的鸟高声唱歌，胸前插着棘刺，鲜血一路滴落；柏拉图向我们绘声绘色描述他的理想国……直到现在，如果心中有大疑惑大不解，我还是会背诵《心经》以安心神："依般若波罗蜜多故，心无挂碍，无挂碍故，无有恐怖……"

按我的理解，书就是一个人的思想穿上语言的外衣，栖居在纸做的房子里。董桥先生说人对书真的会有感情，我也是——我对书的感情不可与人言说。

我是一个读书人，生于智者达人之后，活在令人目眩神迷的方块字里，极目望去，生命之路两旁绿荫如盖，繁花盛开，烟封雾锁一万株，烘楼照壁红模糊，全是那读不尽的好书。苏东坡好像说过贫者因书而富，富者因书而贵之类的话，其实爱书者又哪里在乎贫贱富贵，藏书者又哪里管它是否人文与天文相映，只是因为爱罢了。

第四六则

数无终穷①，运不长厄②。士君子能旋乾转坤，则否泰为我转轴③。何必青牛道士④，延将尽之命；白鹿真人，生已枯之骨耶！

【注释】

①数：气数，运数。穷：困顿。

②运：运气，时运。厄：困窘，受困。

③否泰：否：坏；泰：好，顺利。出自《易经》：否（pǐ），易经六十四卦之第12卦，"天地否（否卦）不交不通"；泰，易经六十四卦之第11卦，"地天泰小往大来，吉，亨"。

古乐府《焦仲卿妻》有"否泰如天地，足以荣汝身"句。转轴：本意为能转动的轴，此处引申为主宰顺逆的变化。

④青牛道士：汉方士封君达的别号。李贤注引《汉武帝内传》："封君达，陇西人。初服黄连五十余年，入鸟举山，服水银百余年，还乡里，如二十者。常乘青牛，故号'青牛道士'。"相传道教始祖老子曾乘青牛出函谷关，后世因此将其作为神仙道士的坐骑。

【译文】

一个人的命数不会一直困顿到底，一个人的运气也不会长久灾厄缠身。士人君子能凭自己的努力扭转乾坤，那么命运的好坏顺逆就能够由自己主宰。又何必去拜求青牛道士来延续快要枯干的性命，去造访白鹿真人来起死回生呢？

【评点】

民间有句俗语，叫"三穷三富过到老"。确实，一个人再倒霉，也不可能倒霉一辈子；一个人再走运，也不可能一生都顺风顺水。若逢困顿灾厄，不必求仙求道，只需踏实奋进，不问收获，只问耕耘。若你耕耘不歇，收获自不负你。

第四七则

英风①未畅，转生无聊；幽韵纵扬，终归寥落。是以热血有时成碧②，雄心无日可灰。

【注释】

①英风：指奇伟杰出的气概；唐·裴次元《赋得亚父碎玉斗》："独有青史中，英风冠千载。"

②热血成碧：用的是苌弘化碧的典故。碧血，指为正义死难而流的血，烈士的血。语出《庄子·外物》："苌弘死于蜀，藏其血，三年而化为碧。"

【译文】

英雄的气概还没有能够畅快地发挥，已经转而生出百无聊赖；幽隐的风韵纵然被天下传扬，也终究是归于寂寥没落。所以，空有一腔热血，有的时候只能化为碧玉；而那万丈雄心，很快就湮灭成灰。

【评点】

"滚滚长江东逝水，浪花淘尽英雄。是非成败转头空。青山依旧在，几度夕阳红。

白发渔樵江渚上，惯看秋月春风。一壶浊酒喜相逢。古今多少事，都付笑谈中。"

杨慎一首《临江仙》，叹穿多少英雄事。读《三国演义》，记忆最清晰的除了桃园三结义，还有刘备托孤白帝城；除了关公温酒斩华雄，还有关羽兵败华容道；除了张飞喝断当阳桥，还有被人割头请赏；除了诸葛亮当窗而卧，曼声而吟"草堂春睡足，窗外日迟迟"，和排兵布阵，料事如神，还有"强支病体，令左右扶上小车，出寨遍观各营；自觉秋风吹面，彻骨生寒，乃长叹曰：'再不能临阵讨贼矣！悠悠苍天，曷此其极！'"除了曹操挟天子以令诸侯的威风八面，还有他横槊赋诗："对酒当歌，人生几何。譬如朝露，去日苦多。"

《水浒》更是一曲英雄的祭歌。再怎样的红火热闹，大碗喝酒，大块吃肉，豪气干云，最后也落得个风流总被雨打风吹去。宋江含恨鸩死自己还不算，还鸩死了忠心耿耿的铁牛。李逵得知大哥给自己酒里下了毒，长叹一声：罢，罢，罢！生时服侍哥哥，死了也只是哥哥部下一个小鬼。言讫泪下，回到署衙，瞑目而逝；武松这条出海狂龙，最后痛失一臂，淡出了风波恶的江湖，做了一个清净道人，从今以后，往日多少英雄事，只堪付与月明中；鲁智深大限到来，留颂声称："今日方知我是我。"那么，他的英雄一世，只合是前生之事了。按理说，能够合十坐化，还算得一个好结局，可是，月朗风清里倒映着一个昔日的烟尘滚滚，两相对照，不晓得人活着到底是为了什么，付出又得

75

到了些什么，让人思量来总有些疲惫和伤神。

就是《西游记》里那个特立独行的孙悟空，也是一个猴英雄。虽说他们一行四人，不对，还有一匹白龙马，是大团圆结局，但是，一想到悟空披上袈裟，双手合十，高踞莲台，闭目宣佛，总有一些遗憾和悲哀。当年那个如疯如狂，斗玉帝，斗如来，踢翻八卦炉的英雄何在？泯了锋芒的英雄，就像拔光刺的刺猬，有些光秃秃的可怜和滑稽。

这样的例子越举越多，越举越多的例子无一例外地通向一个结局。就好像《红楼梦》里吟的："好一似食尽鸟投林，落了片白茫茫大地真干净。"莫非这天底下的英雄，他们的存在就是为了证明一切最终成空，再大的数目最后都需要和零相乘而最终归零？

世间多少英雄事，临到收场总伤神。

第四八则

色界①难凭，情城难固②。专宠则妆成七宝③，弛爱则赋买千金④。人生时势，俱不可恃⑤如此。

【注释】

①色界：指姿色，外貌。

②情城：感情的城池。固：保持。

③七宝：泛指多种宝物。汉成帝曾为了宠妃赵飞燕，特建七宝避风台。宋·乐史《杨太真外传》引《汉成帝内传》曰："汉成帝获飞燕，身轻欲不胜风。恐其飘翥，帝为造水晶盘，令宫人掌之而歌舞。又制

七宝避风台。"

④弛爱：爱意松弛，即失去宠爱。汉武帝幼时说如果能娶到表姐陈阿娇做妻子，会造一个金屋子给她住；长大后果然娶阿娇为妻，封其为后。后阿娇失宠，遂赠司马相如黄金百斤，求其作"解悲愁之辞"。司马相如乃作《长门赋》，阿娇却并未因此重新获得宠爱。清·郭尚先《江妃村》："赋买千金心不转，珠擎一斛泪空弹。"

⑤恃：依靠，凭借。

【译文】

姿色、外貌难以凭靠，感情的城池也不坚固。被专意宠爱则像赵飞燕那样，因怕随风飘去，汉成帝特为她建七宝避风台；爱意松弛，则像皇后陈阿娇那样，赠司马相如百斤黄金，求为自己作《长门赋》，以图挽回汉武帝的心。人生时运势态，都像这样不能凭靠。

【评点】

这个世界上，有什么是可以凭靠的呢？以色事人者，美貌转眼成空；以权凌人者，权势转眼成空；以爱立身者，爱意易起易消；以情动人者，情则来去如风。人生情势百转，实在没有什么铜斗的社稷，铁打的江山。人人求永恒，却不知"变化"才是世间唯一的永恒。所以失意时莫灰心，得意时勿忘形，无论到何种境遇，都要有一颗平常心，所谓"宠辱不惊，闲看庭前花开花落；去留无意，漫随天外云卷云舒。"

第四九则

御风而行，布帆无恙，赢他莲渡杯浮①；戴星以往，衣装有泪，输却篮舆山屐②。

【注释】

①莲渡：佛教中有以莲叶、莲花为船渡水的说法，以此喻佛法威能。杯浮：亦作"杯渡"。南朝梁慧皎《高僧传》载，晋宋时有位僧人，未知其名，能以木杯渡水。后用以称僧人出行。

②篮舆：古代供人乘坐的交通工具，形制不一，一般以人力抬着行走，类似后世的轿子。山屐：登山时穿的特制的木屐。相传谢灵运为登山而发明，屐下有齿，上山则去其前齿，下山则去其后齿。

【译文】

乘着顺风行船，即使是布做的船帆也安然无恙，平稳处胜过莲花为船、木杯渡江；披星戴月，寒露湿衣，就不如乘坐篮舆或脚蹬山屐更为舒适。

【评点】

莲渡杯浮是大神通事，非修炼精深不可为。《神僧传》载杯渡事："杯渡者，不知姓名。常乘木杯渡水，人因目之。初在冀州不修细行，神力卓越世莫测其由。尝于北方寄宿一家，家有一金像。渡窃而将去，家主觉而追之，见渡徐行。走马逐之不及。至于孟津河浮木杯于水，凭之渡河。"至于莲叶莲花渡水，观世音菩萨常为也。除此之外，还有达摩祖师用一苇渡江，甚至还有《坚瓠集》的"离地草"词条，讲说此草："《记事珠》载兔床国，有离地草，人以藉足，不步而行。达磨（摩）见梁武，去来自由，以有此草也。其叶如芦，故传'踏芦渡江'。"《晋书》载吴猛"不假舟楫，以白羽扇画水而渡"。高僧大德或是机缘凑巧学得异术者可以神异术渡水，百姓就只能乘船扬帆而渡，好在若是光景晴明，顺风而行，也不输杯渡莲浮什么。可见家常生活自有家常生活的好，就像帝王贵族家钟鸣鼎食，也未见得就比寒门小户围坐一桌吃饭更和气融洽些。

不过还是要能够渡水得船助，登山得篮舆助，若真是赤贫到渡水无钱，望水兴叹，登山无钱，累得一身臭汗，倒失了悠闲度日的心境。钱不必多，够用就行。名不显于闹市，威不加于人群，兜有余钱，心下安然，倒是一份好光景。

第五十则

"长安一片月，万户捣衣声①。"足敌《秋声》②一赋。

【注释】

①"长安"二句：语出李白《子夜吴歌》，全诗为："长安一片月，万户捣衣声。秋风吹不尽，总是玉关情。何日平胡虏，良人罢远征？"

②《秋声》指北宋欧阳修的《秋声赋》。此赋作于宋仁宗嘉祐四年秋，

欧阳修时年五十三岁,有感于宦海沉浮,改革艰难,心情苦闷,乃以"悲秋"为主题,抒发感叹。全文以"秋声"为引,描摹草木被风摧折的悲凉,延及被忧愁困思所袭的人,感叹"百忧感其心,万事劳其形"。全文熔写景、抒情、记事、议论为一炉,自由挥洒,韵致天然。

【译文】

"长安一片月,万户捣衣声。"这一句诗,足以敌得过欧阳修的一篇《秋声赋》。

【评点】

欧阳修的《秋声赋》是文学史上的妙篇佳构,奇句迭出而意态凄凉萧疏,读之真如闻秋声穿叶度林,欹水凌川:"噫嘻悲哉!此秋声也。胡为而来哉?盖夫秋之为状也,其色惨淡,烟霏云敛;其容清明,天高日晶;其气栗冽,砭人肌骨;其意萧条,山川寂寥。故其为声也,凄凄切切,呼号愤发。丰草绿缛而争茂,佳木葱茏而可悦。草拂之而色变,木遭之而叶脱。其所以摧败零落者,乃其一气之余烈。……嗟夫!草木无情,有时飘零。人为动物,惟物之灵。百忧感其心,万事劳其形,有动于中,必摇其精。而况思其力之所不及,忧其智之所不能,宜其渥然丹者为槁木,黟然黑者为星星。奈何以非金石之质,欲与草木而争荣?念谁为之戕贼,亦何恨乎秋声!"

人生世间,四时轮转,春天花叶争荣,茁碧滋金,夏来草木繁盛,蝉鸣声声。可惜这美好是留存不久的,转眼秋天就到了,它的寒气凛冽触发人间愁思,令人起时不我待,甚至命不久矣之叹。当此之时,文人才子一抒胸臆,乡村妇人却无此感喟,天冷起来,她们只关心着远征替皇帝守边的良人没有厚衣厚被,于是通宵达旦,浆洗纳缔,要缝起来寄给他们。李白只不过十字白描"长安一片月,万户捣衣声",

就把民间正经受着分离苦难的百姓生活表达得淋漓尽致，的确可抵一篇《秋声赋》。难得作者关心民间疾苦，而非只留意字里行间是否珠玉连缀，辞藻是否曼妙声声。

第五一则

才怀济胜^①，虽布置竹石，具见经纶^②；骨带烟霞^③，即特达珪璋^④，意近丘壑^⑤。

【注释】

①济胜：原指攀登胜景，此处意为鉴赏山水的才能。

②经纶：整理丝缕、理出丝绪和编丝成绳，统称经纶，引申为筹划治理国家大事。

③烟霞：烟雾和云霞，也指"山水胜景"，南朝梁·萧统《锦带书十二月启·夹钟二月》："优游泉石，放旷烟霞。"明·张居正《潇湘道中》诗："我前拥烟霞，我后映松竹。"

④特达：原谓行聘时唯珪璋能独行通达，不加余币。后亦谓自达自荐。珪璋：玉制的礼器，比喻高尚的人品等。

⑤丘壑：丘，矮小的土山；壑，水沟或水坑。丘壑，泛指山和水，亦指山林幽僻之地，借此喻隐居之所。

【译文】

如果才情胸怀能够鉴赏山水，即使只是安排布置竹木块石，也尽可以看出筹划治理国家大事的本事；如果骨子里就有欣赏烟云彩霞的兴致，即使被破格擢拔为官，心里也忘不掉山林隐居的志趣。

【评点】

做人是需要通感的，既要胸怀经纶天下的大志，也要有能够欣赏烟霞的情趣。用世的志向如果是前庭，欣赏烟霞的情趣则是后院。一个没有后院的房子是枯寂无味的，一个没有前庭的房子又不能称其为房子。说到底，做人要有用世志向和审美修养，二者缺一不可。好比苏东坡，进而辅人君安天下，退而泛湖海卧烟霞，成就一世美名，万人景仰。

第五二则

仲宣才敏，藉中郎而表誉①；正平颖悟，赖北海以腾声②。风尘无物色之真，齿牙③固声价之地。

【注释】

①"仲宣"二句：仲宣，汉末文学家王粲的字，王粲为"建安七子"之一。博学多识，文思敏捷，善诗赋，尤以《登楼赋》著称。他在七子中成就最高，《七哀诗》和《登楼赋》最能代表建安文学的精神。中郎，即蔡邕（133—192），字伯喈。东汉文学家、书法家。汉献帝时曾拜左中郎将，故后人称之为"蔡中郎"。《三国志·魏书·王粲传》载："献帝西迁，粲徙长安，左中郎将蔡邕见而奇之。时邕才学显著，

贵重朝廷，常车骑填巷，宾客盈坐。闻粲在门，倒屣迎之。粲至，年既幼弱，容状短小。一坐皆惊。邕曰：'此王公孙也，有异才，吾不如也。吾家书籍文章尽当与之。'"

②"正平"二句：正平，即祢衡，字正平，东汉末年文学家。个性恃才傲物．和孔融交好。北海，即孔融（153—208），字文举，东汉文学家。是孔子的二十世孙。曾任北海相，世称孔北海。孔融曾多次向曹操举荐过祢衡。《世说新语·言语》注引《文士传》："融数与武帝笺，称其才，帝倾心欲见。"

③齿牙：指言语、口才。

【译文】

王粲虽然才思敏捷，但也是靠蔡邕的极力揄扬才获得了赞誉；祢衡尽管非常聪颖，但也是靠孔融大力宣扬才声名远播。人间哪有人物世相绝对真实，人的唇齿之间，才是确定一个人身价的关键之地。

【评点】

在一本叫作《大医院小医师》的书里，作者写道：自己还是实习医生时，明明工作很认真，却常挨主治医师骂，他不明因由，特向他的住院医师请教。住院医师教他一样本事："PMPMP"，即"拼命拍马屁"，理由是"花花轿子人抬人，这是最高的指导原则"。结果自己照章办事，果然就大受奖掖。

可见，这唇齿之间，果然是一个人的生死之地。若有本事、志趣高洁的人，却遭人嫉恨，也可以众口铄金，积毁销骨，死无葬身之地；再庸碌无能的人，若受人抬举，也能够平步青云，一日千里。世事有的时候就是这样荒谬乖戾。

不过话又说回来，无论世人齿牙之间怎样处置自己，还是要做一个有思想、有能力、有修养的人，起码心里踏实，知道未曾虚耗人间禄米。

第五三则

无欲者其言清，无累者其言达。口耳巽①入，灵窍忽启。故曰不为俗情所染，方能说法度人②。

【注释】

①巽（xùn）：通"逊"，卑顺，谦让。《易蒙》："童蒙之吉，顺以巽也。"

②度人：教化人。

【译文】

心头没有私欲，说出的话才会清正公明；身上没有负累，说出的话才会通畅豁达。言谈恭顺，听话谦卑，灵犀才会豁然开通。所以说不被人情世俗污染，才能够讲经说法，教化人群。

【评点】

心头没有私欲最难。人本来就是欲望动物，人的天性中也有自私的一面存在。一旦裹挟私欲，说出的话无论怎样都无法清明。时常见贪官在台上大讲清廉之道，台下虽人人都做洗耳恭听状，不知道有多少人心中大不以为然。

米兰·昆德拉在《生命中不能承受之轻》里写到一条名叫卡列宁的狗，它每天吃一模一样的两个面包圈，却不会向人类提出"我厌了，换一种食品给我"的要求。没有这种意愿，也就代表着不会对生活不满。而人类却不这么容易满足，"终日奔忙只为饥，才得有食又思衣。置下绫罗身上穿，抬头却嫌房屋低。盖了高楼并大厦，床前缺少美貌妻。娇妻美妾都娶下，忽虑出门没马骑。买得高头金鞍马，马前马后少跟随。招了家人数十个，有钱没势被人欺。时来运转做知县，抱怨官小职位卑。做过尚书升阁老，朝思暮想要登基。一朝南面做天子，东征西讨打蛮夷。四海万国都降服，想和神仙下象棋。洞宾陪他把棋下，吩咐快做上天梯……"一首古代小曲，画出贪婪本心。

因贪而欲，因欲而累，故其言既不能清，亦不能达，更遑论说法教导他人——我们甚至都无法教导自己。唯有这一身不再被贪欲推动而运转不息，才能找回走失的灵魂，并以此为灯，引领世人找到回家的路。

第五四则

柳宗元披韩退之诗①，以蔷薇露②洗手。古人爱护文才，诚为珍重。今多俟以覆瓿③，何古今人之不相及。

【注释】

①柳宗元，字子厚，唐朝文学家、哲学家，唐宋八大家之一。与韩愈共同倡导唐朝古文运动，并称韩柳。披：翻阅。韩退之：即韩愈，

字退之,郡望昌黎,世称韩昌黎。因官吏部侍郎,又称韩吏部。谥号"文",又称韩文公。

②蔷薇露:即蔷薇水,一种以蔷薇花为原料制成的香水。《群芳谱》:"蔷薇露,出大食、占城、爪哇、回回国。今人多取其花浸水以代露,或采茉莉为之。试法以琉璃瓶盛之,翻摇数四,其泡周上下者为真。"唐·冯贽《云仙杂记大雅之文》:"柳宗元得韩愈所寄诗,先以蔷薇露盥手,熏玉蕤香后发读,曰大雅之文,正当如是。"

③覆瓿(bù):瓿,古代的一种小瓮,青铜制或陶制,用以盛酒或水。覆瓿,盖瓮,喻毫无价值。《汉书·扬雄传下》记载扬雄著《太玄》一书时,刘歆说:"今学者有禄利,然尚不能明《易》,又如《玄》何?吾恐后人用覆酱瓿也。"

【译文】

柳宗元翻阅韩愈的诗,会用蔷薇露洗手。古人爱护文才,真说得上珍而重之。现在的人多拿别人的诗文来覆瓮,古人和今人的差距怎么这么大呢?

【评点】

唐朝时,柳宗元和韩愈二人并有才名,且同朝为官,又政见不同,可算政敌,却因为才气相通,而互相敬服,单就二人心胸,这蔷薇露洗手一事就足可传为佳话。

到了宋朝,苏轼到京城参加进士考试,主考官是欧阳修。苏轼考取进士后,写信感谢欧阳修,欧阳修感叹他的才华,说:"老夫当避路,放他出一头地也。"欧阳修也并不因为担心苏轼才气之盛压过自己,就一巴掌拍死。

这就是前人的美德。《随园诗话》云:"王阮亭尚书未遇时,受知于先达某；故诗集卷首，即录其所赠五古一篇，用'萧豪'韵。穆堂未遇时，受知于阮亭；故哭阮亭五古一篇，用'萧豪'韵。姜西溟《哭徐健庵司寇》诗，用张文昌《哭昌黎》韵，想见古人声应气求，后先推挽之盛。"

沈从文 18 岁到北京，住亭子间，冬天用旧棉絮裹住双腿，冻得流着鼻血写小说。郁达夫去敲门："哎呀，你就是沈从文，你原来这么小！我是郁达夫，我看过你的文章，好好地写下去，我还会再来看你。"然后邀请沈从文去吃顿有葱炒羊肉片的饭，然后把结账后剩下的三元二角多零钱全给沈从文，沈从文伏在桌子上哭了起来。

由此也可见声应气求，后先推挽，是一炷文学心香绵绵相传的法宝。

1913 年，初出茅庐的梅兰芳首次应邀到上海演出，知名须生王凤卿为头牌，他为二牌。王凤卿热心提携后进，向戏院老板极力推荐梅兰芳演大轴戏。老一辈的推挽之力，使梅兰芳得展其力，崭露头角。他得享大名之后，也开始心香相传，提携后进。1923 年，12 岁的李万春红遍京城，被誉为"童伶奇才"。1926 年梅先生把他带到上海，扩展地盘。一天，梅先生对管事人说："出牌时写上，最后是李万春《劈山救母》。"管事人一愣："万春蹲底？成吗？别说'起堂'（观众大散），一'抽签'（观众零星撤席）也不好啊！"梅先生板上钉钉说："你放心，准成！万春有这个火候，拢得住观众。"演出那天，万春的戏不仅蹲住了，而且非常火爆，就此红透南北。

"文化大革命"一场，"梅派"传人梅葆玖荒废了业务。"四人帮"倒台后，代表大会召开，邀请他为大会演出他父亲的代表作《霸王别姬》。梅葆玖心里没底，来找万春，李先生二话不说，一口答应陪他唱霸王，且前边给他垫上《九里山》，把场子压住，免得梅葆玖一开演就上场。这出佳话，分明就是梨园版的"声应气求，后先推挽"。

《英汉大词典》的《前言》里有这样的话："向关怀并提携《英

汉大词典》编写组后学的老一辈专家钱钟书、吕叔湘、许国璋、陈原、葛传椝、王佐良、杨周翰、李赋宁等先生表示由衷的敬意。"就这句平平常常的话，就叫人感动；也当叫那互相鄙薄、倾轧的今人所谓的才子们，深觉惭愧。

第五五则

积学苦无相知①，恒致疑于天眼②。不知六丁下视，太乙夜燃③，勤苦从来动④天。笔墨不灵，何与天事？

【注释】

①相知：赏识。

②天眼：老天爷的眼睛。致疑于天眼：怀疑老天无眼。

③六丁：道教认为六丁，即丁卯、丁巳、丁未、丁酉、丁亥、丁丑为阴神，为天帝所役使，道士可以用符箓召请，以供驱使。太乙夜燃：晋王嘉《拾遗记》卷六载：汉成帝年间，刘向在天禄阁校书，夜间有一老者突然前来，"植青藜杖，登阁而进，见向暗中独坐诵书。老父乃吹杖端，烟然，因以见向。说开辟以前。向因受《洪范五行》之文，恐辞说繁广奋之，乃裂裳及绅，以记其言。至曙而去，向请问姓名。云我是太一之精，天帝闻金卯之子有博学者，下而观焉。"太乙，亦作"太一"，星名。

④动：感动，触动。

【译文】

勤苦求学，却苦于没有赏识自己的人，于是就总是怀疑老天无眼，却不晓得天上的六丁六甲会来下界巡视，太乙之精也会前来帮助（真正有才的人）。勤学苦读从来都能够感动上天，只不过是你自己的笔端墨卷没有灵气，关老天爷什么事？

【评点】

求学既要勤苦，还要有天赋。有的人纵使头悬梁、锥刺股，也学不通透，只能之乎者也地掉书袋。古代那些腐儒，可不就是这样来的吗？这就是人们常说的"读死了书"的人。他没有把书读活，反而被书读死了。甚至还有人闹过这样的笑话：既然古人说中庸之道，不偏不倚，那他就专门走大道，而且专门走大道的中间，既不偏左，也不偏右，说只有这样，才能符合圣人教诲。想想看，这样的人执笔为文，怎么能写出惊天地、泣鬼神的杰作名篇来呢？若是执笔作诗，那更是要一味胶柱鼓瑟，拘泥于音韵格律，而弃性灵于不顾了。

说起来，为文之道，性灵最难。所以说古人比今人可怜，他们可供掉的书袋少得多，凡吟诗作文皆多呕心沥血之作。"锄豆南山下，草盛豆苗稀"是真性情，"仰天大笑出门去，我辈岂是蓬蒿人"也是真性情；"三月三日天气新，长安水边多丽人"是真性情，"七月七日长生殿，夜半无人私语时"也是真性情。元好问夸陶渊明："一语天然万古新，豪华落尽见真淳。"论起来，开天辟地之作，皆是性情之言。"飞流直下三千尺"的狂言非李白不能发，"国破山河在，城春草木深"的痛泪非杜甫不能淌，除了李清照，谁能写得出别一个"人比黄花瘦"来？

只是性情如海，不是人人都能在里边游泳，更何况要击舸中流，搏击风浪。若是一味在陈词滥调里打滚，一辈子也磨不出自己的性灵，上天也不会眷顾。

第五六则

士人寸笺只字，一经得意，爱惜匪①轻。况宝轴琅函②，千秋鸿秘③，安可造次④从事。松雪⑤藏书一法，诚当为律。

【注释】

①匪：同"非"，不。

②宝轴琅函：宝轴，精致的卷轴，亦指珍贵的书籍。南朝·陈徐陵《谏仁山深法师罢道书》："朝睹尊仪，暮披宝轴。"琅函，书匣的美称。前蜀韦庄《李氏小池亭》："家藏何所宝，清韵满琅函。"

③鸿秘：非常珍贵罕见的书籍。

④造次：鲁莽、轻率、随便。

⑤松雪：元代书画家赵孟頫（fǔ），号松雪道人，简称松雪。其与颜真卿、柳公权、欧阳询并称为楷书"四大家"。赵孟頫酷爱藏书，寸笺只字视为珍宝。

【译文】

读书的士子哪怕是方寸的信笺或者寥寥的几个字，一旦是自己的得意之作，就会非常爱惜。更何况珍贵的书籍，千载难逢的书卷，怎么能够轻率对待？赵孟頫藏书的法则，应当当作我们藏书的铁律。

【评点】

《燕京旧俗志》记载："污践字纸，即系污蔑孔圣，罪恶极重，倘敢不惜字纸，几乎与不敬神佛、不孝父母同科罪。"可见古代人们对于文字有多么敬重和爱惜，甚至有专门焚化字纸的焚化炉。因为文字传播思想文化，所以也值得我们如此。片纸只字尚且要被爱惜，更何况是好的书籍呢？

第五七则

浩然苦吟落眉，裴佑深思穿袖①。诗赋之工，岂云偶得。宁取十年两句②，敢云顷刻千言。

【注释】

①"浩然"二句：孟浩然，唐朝诗人，与王维齐名；裴佑，唐朝诗人，生平不详。唐·冯贽《云仙杂记苦吟》："孟浩然眉毫尽落，裴佑袖手，衣袖至穿，王维至走入醋瓮，皆苦吟者也。"

②"宁取"句：典出唐朝诗人贾岛《题诗后》："两句三年得，一吟双泪流。"

【译文】

孟浩然苦吟不止，以致眉毛都掉落了；裴佑深陷思考，以致袖手的时候，把衣袖都给捅穿了。诗词歌赋的精致、巧夺天工，怎么能说是偶然得到的呢？宁可十年只吟出两句诗，也不敢说自己能够顷刻之间下笔千言。

【评点】

"两句三年得,一吟双泪流",讲的是炼字之苦。的确,为文之道,最忌轻浮,一字一词,都不可造次从事。

有篇文章写一个名主播和父亲的故事。名主播自从上了央视,就开始飘飘然。父亲给他忠告:"你现在进入了万众瞩目的中央电视台工作,有些知名度了,但……千万不要太自以为是。"

"万众瞩目"这个词用得好——这个父亲的文化水平高。

但是下一个细节却害得人眼镜险些跌掉:父亲拿出一个日记本,上面写着歪歪扭扭的几行字,全是给他在电视上的表现挑刺,挑得如何不必说,这个"歪歪扭扭",真是扎在锦绣文章里的一根刺。

一般来讲,能说得出"万众瞩目",也就写得出一手不那么"歪歪扭扭"的字。写一手"歪歪扭扭"的字,大概也说不来"万众瞩目"这样的词,一个父亲的身份就这样被这两个词给生生撕裂。作者大概没有想到这个问题。所以写文章时所谓的"洋洋洒洒,下笔千言",若非大才支撑,必有许多陈词滥调混在里头,不可不慎戒哉!

第五八则

人生顺境难得,独思从愿之汉珠①;世间尤物易倾②,谁执击人之如意③。

①汉珠：典出刘向《列仙传》："江妃二女者，不知何许人也，出游于江汉之湄，逢郑交甫，见而悦之，不知其神人也。谓其仆曰：'我欲下请其佩'……遂手解佩与甫。"张衡《南都赋》："游女弄珠于汉皋之曲。"这里用得到神人的宝珠十分轻易来比喻人生顺境。

②尤物：尤的意思是异，就是"突出"的意思，"尤物"，即"特别的物品"，也指优异的人（多指美丽的女子）。倾：死，丧，倒塌，毁灭，消失。

③"谁执"句：晋石崇与王恺斗富，晋武帝赐给王恺一高二尺许的珊瑚。王恺以之示石崇，石崇用铁如意将其击碎。王恺气愤，石崇命左右悉取珊瑚树，有三尺四尺，条干绝世，光彩溢目者六七枚，王恺的珊瑚与之相比，十分寻常，王恺茫然自失。

【译文】

人生顺境难得到，只想得到能够轻易实现愿望的神人宝珠；世间美好的东西容易损坏，是谁像石崇用如意击碎珊瑚一样，拿着击碎美好人物的如意？

【评点】

世间种种，都证明人生难逢是顺境，这一刻看着是鲜花着锦、烈火烹油之盛，下一刻就好似食尽鸟投林，落了片白茫茫大地真干净。

若说普通人是这样，那么人间尤物，那些美女们，命途遭际更是堪伤。上得了榜单的四大美女，哪一个又是得善终的？西施被当作复仇的工具，吴国被灭，她的结局是不知所终。貂蝉也因生来美貌，被当作实施美人计的最佳人选，当美人计成功后，吕布被擒被杀，她的结局也是不知所终。一个美貌女子，又无生计能力可以傍身，她的结局如何，其实不言自明。王昭君本是君王后宫，却被派去和亲，至死再未踏足中原，以慰乡心。杨玉环宠冠六宫，最终却被缢死马嵬坡。至于别的美女们，下场不外如此，所以才会留下一句话，叫作"自古名将如美人，不许人间见白头"。想起来真是令人可伤可叹。

一念至此，倒不如普通人衣褐食素，纵使也是诸多不如意，日子还过得相对可以平稳一些；再加上知足常乐的好心态，倒是白发翁媪处处可见呢。

至于世间美好之物，下场和结局无不如美好之人。皎皎易污，珠玉易失，琉璃易脆，童心易泯，彩云易散。生在这个不完美的世间，既然粗糙的现实总爱把美丽的东西击打得零星四散，也就不用再执着于美好之人与美好之物的净洁与完整，豁达一些，虽不随波逐流，也要学得来随遇而安。

第五九则

花气当香，檀片可以不爇①；露华②作茗，云脚③何用更煎。要知至香至味于何，采真④则不嗅不咀，亦然得解。

【注释】

①檀片：即檀香。爇（ruò），焚烧。

②露华：露水。李白《清平调》之一："云想衣裳花想容，春风拂槛露华浓。"

③云脚：茶的别称。宋•梅尧臣《宋着作寄凤茶》诗："茶灶漫

煎云脚散，莲舟清啸月波凉。"

④采真：道教语。指顺乎天性，放任自然。明·宋濂《浩然子序引》，
龙光赫奕，光动林谷，采真之士，无不歆艳之。"

【译文】

用花的气息来当香料，就不必焚烧檀香了；用露水作茶，又何必
冲泡真正的茶叶。要知道，真正的味道就只是顺其自然，不必特意去
嗅闻、去咀嚼，也能够得以领略。

【评点】

时下许多富翁都会有装潢得典雅豪华的书房，一排排一列列装帧
精美的书籍晃得人眼花。可是有什么用呢？也只不过用来装饰罢了，并
不是拥有了几千几万本书，就能够真的染就一身书香。时下有许多雅士
都会有装潢得精致典雅的茶室，风格各异，或中或西：时而小格木窗，
蓝花花的桌布；时而乳白椅凳，亮晶晶的茶杯。也会时常邀朋友喝茶，
可是讲论之事，不过是烟火红尘，提调升迁。那么，这样的茶室和这样
的好茶好水，又有什么用呢？也并不能让你的心更清澈一些。

至于喷上香水出门的人，也不过是妄想自己的身体和灵魂散发出
来香气而已，其实也没有什么大用。

哪怕所有的书都是借来看的，若是看了几千册书在肚子里，他哪
怕没有能力买得起一本书，他也是真正富有的人；哪怕喝的只是白开水，
若心里有风月，眼中有光景，白开水也散发着温婉的香；哪怕一点香
水都不喷，只要灵魂干净，这个人也是一个美好的人。

所以，做人也好，享受也罢，还是朴素一点好，外在生活越繁盛，
反而容易衬托得灵魂越苍白；而外在生活越朴素，反而将灵魂滋养得
越丰富。

第六十则

临流①晓坐，欸乃②忽闻；山川之情，勃然不禁。

【注释】

①流：清流，指清澈的河流。

②欸（ǎi）乃：象声词，摇橹声。柳宗元《渔翁》诗："烟销日出不见人，欸乃一声山水绿。"

【译文】

拂晓时分，临水而坐，忽然听到一阵摇橹划水的声音；那一刻欣悦山川的情怀蓬勃而生，难以自禁。

【评点】

古诗中专门有"山水诗"这一流派，由此可见，不独今人，古人对山水也是情之所钟，并形诸文字。如陶渊明的"采菊东篱下，悠然见南山。山气日夕佳，飞鸟相与还"；王维的"空山不见人，但闻人语响。返景入深林，复照青苔上"，"人闲桂花落，夜静春山空。月出惊山鸟，时鸣春涧中"；孟浩然的"移舟泊烟渚，日暮客愁新。野旷天低树，江清月近人"；杜甫的"无边落木萧萧下，不尽长江滚滚来"；李白的"蜀道难，难于上青天"……

今人生活烦嚣忙乱，人际关系错综复杂，心头念想之事又多，更觉憋闷，隔不了一段时间，就愿意亲近山水，放松心灵，可惜的是，如今的旅游和古人的游山玩水，已经不是一个味道。

古人一身如寄，山高海深，炎炎赤日，雨打霜欺，走累了，远远一处酒望，门前开着橘花，喷吐丹霞，霎时间心情喜悦，诗兴大发，挥笔写下："野店临江浦，门前有橘花。停灯待贾客，卖酒与渔家。"读了他们的诗，会向往野草闲花，向往奇峰怪石，向往明山秀水，向往那个遥远的年代。

可是及至打起行装，去到远方，才发现星移斗换，一切于不知不觉间悄悄改变。一群群戴着红帽子黄帽子打着小旗的游人，一伙伙卖纪念品吆吆喝喝的小摊贩……周国平说："从前，一个'旅'字，一个'游'字，总是单独使用，凝聚着离家的悲愁……每当我看到举着小旗、成群结队、掐着钟点的团体旅游，便生愚不可及之感。现代人已经没有足够的灵性独自面对自然……"确实如此。

当自然成为风景，风景被设置成"点"，"点"被不衫不履地推陈与出新，旅人何在？游子何方？自然呢？哪里还有自然？无非是挤到那人挤人、人看人的去处马不停蹄走上一圈，照几张相，吃一顿所谓的特色小吃，心满意足回来。这个时代提供一切便利的同时，也顺带着消磨掉所有诗意。想想山水，悠然神往；去到山水，一身失望。可怜了大好风光。

第六一则

对人者我任他语言无味，面目可憎①。

【注释】

①面目可憎：面貌神情卑陋，使人看了厌恶。形容人的容貌或事物的样子令人厌恶。

【译文】

面对他人的时候，我任凭他们语言没有意味，面目令人厌恶。

【评点】

世上哪有许多的高人逸士，泱泱大国，截取任何一个时间点，在历史上留下一笔的，也只不过寥寥数人而已，绝大多数都是庸人。

你能期待庸人做什么呢？他们关注的就是世路升迁、柴米油盐，胸中盛满的是妒恨和算计、颠簸和悲伤，所以嘴里说出来的，也无非这些话。就算是想要冒充风雅，却又因为底气不足，也只能是附庸风雅。说出来的风花雪月，也是别人嚼烂的风花雪月，而不是自己心底冒出来的活泉水。

所以，原谅他们吧，他们就是这样的语言无味，面目可憎，可是世上多的就是他们这样的人。自己还是把心态平和下来，心平则世路平，心安则世路稳。你不与俗人争，最终俗人也会放弃和你争；你不和俗人计较，最后俗人也不会再把你当成敌人。

和庸俗的人打交道，要的就是心态平稳，可以不接受他们，但请理解他们；可以不认同他们，但是请容纳他们。海纳百川，有容乃大，大海何曾挑拣过流进来的水是脏是净，是黑是红？

第六二则

人谓胸中自具丘壑^①，方可作画。余曰："方可看山，方可作文。"

【注释】

①丘壑：丘，山丘。壑，山沟。比喻画家或作家创造艺术品时心中的构思和布局。

【译文】

人家说只有胸中有了完整的构思，才能够作画。我说："（胸中有了完整的构思）才能看山，才能作文。"

【评点】

人有心胸、有计划、有筹谋、有安排，方能成大事，成大器。凡事随心所欲，随遇而安，于做人方面可以散淡，却于做事上无补。

《红楼梦》里，贾府要迎元春省亲，修大观园，请一个叫山子野的人总体设计和监制，且看他的设计：贾政带人未曾游园，先在外观览，只见"正门五间，上面桶瓦泥鳅脊，那门栏窗槅，皆是细雕新鲜花样，并无朱粉涂饰，一色水磨群墙，下面白石台矶，凿成西番草花样。左右一望，皆雪白粉墙，下面虎皮石，随势砌去，果然不落富丽俗套"。

及至开了门，则是迎面一带翠嶂挡在前面，引得众清客都赞，贾政也赞："非此一山，一进来园中所有之景悉入目中，则有何趣。"

往前一望，白石崚嶒，或如鬼怪，或如猛兽，纵横拱立，上面苔藓成斑，藤萝掩映，其中微露羊肠小径。大家入山口，进石洞，"佳木茏葱，奇花闪灼，一带清流，从花木深处曲折泻于石隙之下。再进数步，渐向北边，平坦宽豁，两边飞楼插空，雕甍绣槛，皆隐于山坳树杪之间。俯而视之，则清溪泻雪，石磴穿云，白石为栏，环抱池沿，石桥三港，兽面衔吐。桥上有亭"。

又出亭过池，时而来到一处小院，有千百竿翠竹遮映；时而来到一个所在，有几百株杏花盛开；时而来到一处清凉瓦舍，竟是一株花木也无，只种许多牵藤引蔓的异草。就这样一处一处，竟是一处便与别处不同，一处又与别处相异，各有风格，各有主题，真是胸中无大丘壑不能及此，确实是搜神夺巧之至。这个大观园的总设计师，是个胸中有丘壑的人。

这个叫作山子野的总设计师必定不是灵机一动，计上心来，不定怎么点灯费油，熬神耗力，左思右想，设计一个又推翻一个，推翻一个又设计一个，每一个大处都要务求与他处和谐，每一个细处都要务求精致和独特，这样苦费心血，才设计出一个完美的大观园。

所以说，真正会做事的人，必得要会总揽全局，还要把事情的每一步都想得精细、周到。若真有志向做一番事业的话，先得要把胸中丘壑锻炼出来，这才是最要紧的。

第六三则

青山在门，白云当户，明月到窗，凉风拂座，胜地皆仙。五城十二楼①，转觉拣择。

①五城十二楼：古代传说中神仙的居所。比喻仙境。《史记·封禅书》："方士有言：'黄帝时，为五城十二楼，以候神人于执期，命曰迎年。'"《裴骃集解》引应劭曰："昆仑玄圃五城十二楼，此仙人之所常居也。"

【译文】

青山就在门前，白云浮荡在户外，月光染透窗棂，凉风拂过座位，如此美好的地方，真是仙人都能居住。（到这个地步）那号称神仙居所的五城十二楼，反而让人觉得过分挑拣。

【评点】

青山在门，青山不会管你的门是朱门还是蓬门；白云当户，白云也不会管你的户是朱户还是蓬户；明月到窗，到的既是绮窗，也是篷窗；凉风拂座，拂的既有高朋满座的豪华座位，也有一人独坐的简陋座具。既然青山白云、明月凉风这些超凡脱俗的东西都不择人择时择地，不嫌贫爱富，不趋炎附势，人又何必一定要选在朱门朱户赏青山白云清风明月方觉有味，而在蓬牖小户就觉寒碜无聊呢？这不是人成了嫌贫爱富、趋炎附势之徒吗？

一个和尚和乞丐们同吃同住，有小和尚慕他境界，也学他这般，却待不了两天，就嫌脏吃不下饭，和尚说："你走吧，不要污了我这清净宝地。"小和尚眼里污秽无比的地方，在没有分别心的大和尚心里，却是无比圣洁。反倒是内心的区别对待人和物才是不洁净。所以说，心净处，所到无不是净地；心安处，所见无不是美景，根本无须拣择，处处皆是胜境。

第六四则

鉴赏自有真好，知遇岂缘溺情①。倘所见既偏，则宋客以燕砾为宝珠②，魏氏以夜光为怪石③，二者同病。

【注释】

①知遇：因赏识（他人）的才华，方知相遇恨晚，从而提携重用。此处指认识到物件的真实价值。溺情：偏爱，思想感情沉湎于某个方面。

②"则宋客"句：《太平御览》卷五十一："宋之愚人，得燕石于梧台之东，归而藏之，以为大宝。周客闻而观焉，主人端冕玄服以发宝，华匮十重，缇巾十袭，客见之，卢胡而笑曰：'此燕石也，与瓦甓不异。'主人大怒，藏之愈固。"

③"魏氏"句：刘勰《文心雕龙》："夫麟凤与麏雉悬绝，珠玉与砾石超殊，白日垂其照，青眸写其形。然鲁臣以麟为麏，楚人以雉为凤，魏氏以夜光为怪石，宋客以燕砾为宝珠。形器易征，谬乃若是；文情难鉴，谁曰易分？"

【译文】

鉴赏有道，自然会认识真正的宝物，认识物件的真正价值，又怎么能够出于一己之偏私？如果认识与知见出现偏差，就会闹像宋人把燕砾当作宝珠，魏氏把夜明珠当作怪异的石头那样的笑话。这二者犯的是同一个毛病。

【评点】

"楚人有卖其珠于郑者，为木兰之柜，薰以桂椒，缀以珠玉，饰以玫瑰，辑以羽翠。郑人买其椟而还其珠。此可谓善卖椟矣，未可谓善鬻珠也。"这就是买椟还珠的故事。有人说买者有眼无珠，却少有人说卖珠的人喧宾夺主，把盛宝珠的盒子盛装浓饰，艳压宝珠，怎怪得人眼光差不识货呢？好在买者和卖者并无私交，所以不存私心。若是遇到那存有私心的人，明明摆在面前的是宝珠，却铁嘴钢牙，硬要说它是砾石；明明摆在面前的是砾石，却要说它是宝珠，这就是其心偏，用心险，其人恶了。

若单单是宝珠还好，如果是在鉴人方面，遇到这样的居心不正、用心险恶之徒，不知道要起用多少庸才，埋没多少良才。若单是这样也还好，可是起用庸才，又害了多少人；埋没良才，又误了多少国计民生，就谁也算不清楚了。

若整个社会都是这样的识人、鉴人、用人之风，那这个社会就堪忧，整个民生都堪忧，整个国家都堪忧。

第六五则

生来气无烟火①，不必吸露餐霞②；运中际少风云③，也会补天浴日④。

【注释】

①烟火：指炊烟，亦泛指人烟，即人间烟火。

②吸露餐霞：指修仙学道，以露水、云霞为食，不食人间烟火。

③风云：比喻局势、机遇。《周易·乾·文言》："云从龙，风从虎，圣人作万物睹。"

④补天浴日：补天，指女娲补天。根据《史记·补三皇本纪》记载，水神共工造反，与火神祝融交战。共工被祝融打败，用头去撞世界的支柱周山，导致天塌陷，天河之水注入人间。女娲炼出五色石补好天空，折神鳖之足撑四极，平洪水杀猛兽，万灵始得安居。浴日，指羲和浴日甘渊。《山海经》记载："大荒之中有山曰天台（高）山，海水入焉。东南海之外，泔水之间，有羲和之国，有女子曰羲和，帝俊之妻，生十日，方浴日于甘渊。"

【译文】

倘若生来就没有烟火俗气，那就不必去搞吸露餐霞那一套，也有自来的清雅出尘；纵使命运际遇中没有合适的局势和机遇相助，（只要勤奋努力）也能够做出像补天浴日那样的大功业。

【评点】

现代人误会了修身养性的含义，而一味地追求形式，比如穿上宽大的汉服，装潢起古色古香的屋子，用价值不菲的茶具喝着价值不菲的茶叶，但是心里却满满地塞着功名利禄，言谈话语间也是脱不开的人事升迁、待遇涨跌、股票红绿。形式和内容的不相匹配，使二者都受损，而非相得益彰。真正的修身养性是不讲这些外在包装的，哪怕穿着时髦的衣服，如果有一颗古心，衣服也会变得古雅起来；哪怕住着简陋的屋宇，甚至是出租屋，如果心里装着清风明月，陋屋也能变华宇。

很多人还过分相信命运的安排，许多人一味相信算命，并且把自己的困窘归结为命不好。其实，有什么人是天生好命呢？只不过有的人虽然命歹，却勤苦不懈，最终有了成就；有的人纵然命好，却不肯进取，最终一事无成。说到底，命可歹，运可低，只要志气不堕，不肯放弃努力，老天爷是会给你大显身手的机会的。

第六六则

咳吐成珠玉①，何妨旁若无人；挥翰走龙蛇②，洵是腕中有鬼③。

【注释】

①"咳吐"句：指出言精辟。咳吐，谓谈吐、言论。宋·周晖《清波杂志》卷三："吾辈每日奉行者，皆其咳吐之余也。"珠玉，比喻妙语或美好的诗文。《晋书·夏侯湛传》："（湛）作《抵疑》以自广，其辞曰'……咳唾成珠玉，挥袂出风云。'"唐·杜甫《和贾至早朝》："朝罢香烟携满袖，诗成珠玉在挥毫。"

②"挥翰"句：指草书飞动圆转的笔势。挥翰：犹挥毫。龙蛇：指书法笔势的蜿蜒盘曲。宋·陆游《汉宫春·初自南郑来成都作》词："淋漓醉墨，看龙蛇，飞落蛮笺。"

③洵：假借为"恂"，诚然，确实。《诗陈风宛丘》："洵有情兮。"有鬼：如有鬼神相助。

【译文】

倘若出言精辟，即使旁若无人那又何妨；倘若随意挥笔即能成就书法妙品，必定是腕中有鬼神相助。

【评点】

不得不说，"才华横溢"四个字不是白造的。这个世界上真的有人才华横溢，洋洋洒洒，下笔千言，倚马可待。南朝《世说新语》记载："桓宣武北征，袁虎时从，被责免官，会须露布文，唤袁倚马前令作，手不掇笔，俄得七纸，殊可观。东亭在侧，极叹其才。袁虎云：'当令齿舌间得利。'"

才思敏捷，口齿伶俐，就便是口若悬河，旁若无人，别人也不会侧目，而会自叹弗如，持欣赏态度；怕的是才思虽不敏捷，口齿又不伶俐，偏偏也口若悬河，旁若无人，那就让人情何以堪。一次和一群人参加一个活动，一个人过分兴奋，说个不停，偏偏又是车轱辘话颠来倒去，让人不忍卒听。

还有那有书法天赋，能笔走龙蛇的，更是令人羡慕。这样的人一字一句即被人视为至宝，也是理所应当。怕就怕有的人没有这般大才，也要各种场合抻着脖子显摆一番，写的字既丑却不觉其丑，反而扬扬得意，这副嘴脸也教人不忍卒睹。

大才的人毕竟稀缺，小才和无才的人更多一些。为不出乖露丑，还是低调一些，不要只顾展才而旁若无人。

第六七则

"兴酣落笔摇五岳，诗成啸傲凌沧州"[①]；"啸起白云飞七泽，歌吟秋水动三湘。"[②]二联可称诗狂。

【注释】

①"兴酣"二句：语出李白《江上吟》，全诗为："木兰之枻沙棠舟，玉箫金管坐两头。美酒樽中置千斛，载妓随波任去留。仙人有待乘黄鹤，海客无心随白鸥。屈平辞赋悬日月，楚王台榭空山丘。兴酣落笔摇五岳，诗成啸傲凌沧州。功名富贵若常在，汉水亦应西北流。"

②"啸起"二句：语出李白《自汉阳病酒归，寄王明府》，全诗为："去岁左迁夜郎道，琉璃砚水长枯槁。今年敕放巫山阳，蛟龙笔翰生辉光。圣主还听子虚赋，相如却与论文章。愿扫鹦鹉洲，与君醉百场。啸起白云飞七泽，歌吟秋水动三湘。莫惜连船沽美酒，千金一掷买春芳。"秋水，一作渌水。

【译文】

"兴酣落笔摇五岳，诗成啸傲凌沧州"；"啸起白云飞七泽，歌吟秋水动三湘。"这二句诗联可以称得上是诗狂。

【评点】

李白大才，李白太狂。杜甫诗写他"天子呼来不上船，自称臣是酒中仙"。若非狂才，如何有这样举动？且他自己的诗"仰天大笑出门去，我辈岂是蓬蒿人"更是充分刻画出自己的狂态。偏偏他的狂不教人讨厌，因为他狂得有本事，狂得有资本。从行为来说，唐•李肇《国史补》记载："李白在翰林，多沈饮。玄宗令撰乐辞，醉不可待，以水沃之，白稍能动，索笔一挥十数章，文不加点。后对御，引足令高力士脱靴，上命小阉排出之。"从诗才上来说，他的诗绝对不是像孟郊、贾岛那样的苦吟派，一字一句往外挤，他的诗是黄河之水天上来，奔流到海不复回。哪怕是极简的一首五言绝句《静夜思》，"床前明月光，疑是地上霜。举头望明月，低头思故乡"，都成了千古绝唱，更何况他的排律长诗，

107

洋洋洒洒，势不可当，读之令人拍案，令人叫绝，令人起舞，令人徘徊。比如《蜀道难》："噫吁嚱，危乎高哉！蜀道之难，难于上青天！蚕丛及鱼凫，开国何茫然！尔来四万八千岁，不与秦塞通人烟。西当太白有鸟道，可以横绝峨眉巅。地崩山摧壮士死，然后天梯石栈相钩连。上有六龙回日之高标，下有冲波逆折之回川。黄鹤之飞尚不得过，猿猱欲度愁攀援。……"再如《宣州谢朓楼饯别校书叔云》："弃我去者，昨日之日不可留；乱我心者，今日之日多烦忧。长风万里送秋雁，对此可以酣高楼。蓬莱文章建安骨，中间小谢又清发。俱怀逸兴壮思飞，欲上青天揽明月。抽刀断水水更流，举杯销愁愁更愁。人生在世不称意，明朝散发弄扁舟。"

如此种种，不一而足。世有李白，文人之福，世人之福。这样仙人一般的人物，唯恨他狂得不够，诗作太少。

第六八则

何地无尘？但能不染，则山河大地，尽为清净道场①；如必离境求清②，安能三千外更立法界③？偈④云："对色⑤无色相，视欲无欲意，莲花不着水，清净超于彼。"

【注释】

①道场：释、道二教称诵经礼拜、修炼成道的地方。

②清：指清境，共为三清境，又称三清天，是道教所称最高神（三清）所居之最高天界。即元始天尊所居之清微天玉清境，灵宝天尊所

居之禹余天上清境，道德天尊所居之大赤天太清境。

③三千：即三千大世界，佛教名词，简称"三千世界"。以须弥山为中心，七山八海交绕，以铁围山为外郭，是谓一小世界，合一千个小世界为小千世界，合一千个小千世界为中千世界，合一千个中千世界为大千世界，总称为三千大世界。法界：佛教道教术语。法泛指宇宙万有一切事物，包括世出世间法，通常释为"轨持"，即一切不同的万事万物都能保持各自的特性，互不相紊，并按自身的规则，能让人们理解是什么事物。界，含有种族、分齐的意思，即分门别类的不同事物各守其不同的界限。

④偈：佛教术语，定字数结四句者。不问三言四言乃至多言，要必四句。

⑤色：佛教语，指一切可以感知的形质。

【译文】

哪里能够没有尘土？只要能够不被尘土染污，那么山河大地，就都是清净道场；如果一定要离开人间之境求取清净安宁，三千大世界之外，又怎么能有别的法界存在？偈子说道："对色无色相，视欲无欲意，莲花不着水，清净超于彼。"

【评点】

散步玄想，想着我自己大到可以是整个宇宙天体，缓慢旋转，小又小到可以是我这么个人，甚至我又可以是我自己的一片组织，一粒细胞，细胞里的一点质子中子微子，可是哪里有什么质子中子微子，它们根本就不存在，它们只是彼此相互的一种关系。

阳台上放着一堆杂物，阳光晒在杂物上，晒得它们也暖洋洋。一双旧鞋晒在那里，平时眼睛不见，因不关注，可是不关注不等于它不在。

而那些我平时没有关注到的事物，也都在那里，包括一粒沙子、空气里飞舞的灰尘。我的注意力就像一束光，打在哪里，哪里的东西于我而言就是存在，否则就是不存在。事实上它们全部都存在。

那么，过去、现在、未来也都同时存在。时间没有界限。

眼耳鼻舌身意也没有界限。

色声香味触法也没有界限。

受想行识也没有界限。

这就是《般若波罗蜜多心经》里所说的"照见五蕴皆空，度一切苦厄"。空，不是说空无一物，而是说一切事物之间的界限都不存在。苦与乐之间的界限不存在，你与我之间的界限不存在，过去与未来之间的界限不存在，我与非我之间的界限不存在，这一切界限都是空的。所以你就是我，我就是你。过去就是现在，现在就是过去。苦就是乐，乐就是苦。

那么，一切因为分别心而产生的苦也就不存在了。所以一切苦厄都得度脱——至于有尘无尘，肮脏与洁净，岂不是也是由分别心产生的分别境吗？心地干净，则大地山河无处不净；心地肮脏，则大地山河无处不脏。一切全在你的心，而不在外部环境。怕的是与外界环境同流合污，还要以一个受害者的身份，说什么"人在江湖，身不由己"。你自己的身心怎么由不得你自己？尘世三千，你尽可以以一颗清净之心，种自己如一枝莲花开。

第六九则

秋鸟弄春声，音调未尝有异；今人具古貌，气色便尔不同。

【译文】

秋天的鸟儿啼鸣着在春天发出的声音，音调并没有什么不一样的地方；现在的人一旦具备古人的精神风貌，气色便会大不相同。

【评点】

见过两个人，穿衣服都很有趣。

一个终年穿黄，黄裤黄褂黄腰带，脖子上还围着长长的黄围巾。神情倨傲，旁若无人，穿行在闹市丛中，一任围观和议论，颇有一种"虽千万人，吾往矣"的坚定。理由吗？有的，他认为自己是皇家血统，非如此不足以自表身份。

另一个终年着青，青衫，布鞋，管学生叫弟子，称访客为"先生"，出门必先对镜，整理衣冠，走路时一手撩起长衫衣襟一角，微微含胸……这么个人穿行在西装革履的现代人中，谦抑而安静，自有一种"也无风雨也无晴"的淡泊笃定。原因吗？也有的，自幼在中国的传统古文化里浸淫，读古诗，作古文，学中医，拜山僧，从骨子里觉得自己就该是一个着长衫的书生，于是他真的按照自己的心愿，做了一个书生，而他不过是一个还不满 30 岁的年轻人。

汪曾祺一次到老师沈从文家做客，师母炒了一盘荸荠炒肉待他。

沈从文夹起一片荸荠来吃，一边颔首说："嗯，不错，这个'格'比土豆高。"所谓的"格"，大约就是指的某种格调。这两人都堪称另类，不过我觉得那个年轻人的"格"更高一些。所谓皇子皇孙，只不过一心标榜皇族后人，何曾过过一日皇亲国戚的瘾，倒是这位年轻人，生活在现代繁华都市中，却如穿行在松林空山，气味沉静，心里开着一朵花叫作古典。孤独处平心静气，陶醉时旁若无人。其"格"之高，可比雪里白梅，风雨迎春，自有一种真正的精神。

这样的人，从古到今，无论生活在哪个时代，都必定肯坚守自身的梦想，肯对浅薄繁华做一种不动声色的反抗。我在杂志上见过朱自清先生的照片，眉目清朗，眼神淡定，一看就是心中一潭深水，不闻柳浪啼莺的人。这样的人，也就是作者所说的"今人具古貌，气色便尔不同"。

这样的人，既不随波逐流，也不刻意标新，孤独却不以孤独为苦，寂寞却能把寂寞当成真正的人生。他们从繁华表面退步抽身，回归到心灵的宁静，哪怕不着长衫、不穿布鞋、不入僧寮、不下农田，也自来的一种淡泊气息，引人向往。

第七十则

文何为声色俱清？曰：松风水月，未足比其清华①。何为神情俱澈？曰：仙露明珠，讵②能方③其朗润。

①松风水月：像松风那样清朗，似水月那样明洁。喻人品高洁。清华：清高华贵。

②讵（jù）：岂，怎，表示反问。

③方：比方。

【译文】

一篇文章，怎么才算得上形貌色彩都清朗？答：松间清风、水中明月，比不过它的清净明华；怎么才算得上神韵情怀都清澈？答：天上仙露、名贵珍珠，都不能和它的清朗润泽相比。

【评点】

文章好比盘中餐，也是各有风味。有的文章肉味十足，有的文章朴素有加，有的文章清丽如花，有的文章温厚如粮。像松风水月那样声色俱清的文章，不用说，自然是好的；像仙露明珠那样神情俱澈的文章，不用说，自然也是好的。可是，怎样的文章才当得起"松风水月""仙露明珠"这八个字呢？这便是仁者见仁，智者见智了。我觉得朱自清的《荷塘月色》，大抵能当这八个字。沈从文的《玉家白菜》，也能当得这八个字，还有汪曾祺的《受戒》……许许多多。且看《荷塘月色》的经典片段：

"……曲曲折折的荷塘上面，弥望的是田田的叶子。叶子出水很高，像亭亭的舞女的裙。层层的叶子中间，零星地点缀着些白花，有袅娜地开着的，有羞涩地打着朵儿的；正如一粒粒的明珠，又如碧天里的星星，又如刚出浴的美人。微风过处，送来缕缕清香，仿佛远处高楼上渺茫的歌声似的。这时候叶子与花也有一丝的颤动，像闪电般，霎时传过荷塘的那边去了。叶子本是肩并肩密密地挨着，这便宛然有了一道凝碧的波痕。叶子底下是脉脉的流水，遮住了，不能见一些颜色；而叶子却更见风致了。

"月光如流水一般，静静地泻在这一片叶子和花上。薄薄的青雾浮起在荷塘里。叶子和花仿佛在牛乳中洗过一样，又像笼着轻纱的梦。虽然是满月，天上却有一层淡淡的云，所以不能朗照；但我以为这恰是到了好处——酣眠固不可少，小睡也别有风味的。月光是隔了树照过来的，高处丛生的灌木，落下参差的斑驳的黑影，峭楞楞如鬼一般；弯弯的杨柳的稀疏的倩影，却又像是画在荷叶上。塘中的月色并不均匀；但光与影有着和谐的旋律，如梵婀玲上奏着的名曲。"

还有沈从文的《玉家白菜》：

"夏天薄暮，这个有教养又能自食其力的、富于林下风度的中年妇人，穿件白色细麻布旧式衣服，拿把蒲扇，朴素不华地在菜园外小溪边站立纳凉。侍立在身边的是穿白绸短衣裤的年青男子。两人常常沉默着半天不说话，听柳上晚蝉拖长了声音飞去，或者听溪水声音。溪水绕菜园折向东去，水清见底，常有小虾小鱼，鱼小到除了看玩就无用处。那时节，鱼大致也在休息了。

"动风时，晚风中混有素馨兰花香茉莉花香。菜园中原有不少花木的，在微风中掠鬓，向天空柳枝空处数点初现的星，做母亲的想着古人的诗歌，可想不起谁曾写下形容晚天如落霞孤鹜一类好诗句，又总觉得有人写过这样恰如其境的好诗，便笑着问那个儿子，是不是能在这样情境中想出两句好诗。"

可是后来儿子因为是革命者，和准儿媳一同陈尸，自家的菜园也被霸占，成了花园：

"玉家菜园从此简直成了玉家花园。内战不兴，天下太平，到秋天来，地方有势力的绅士在园中宴客，吃的是园中所出产的蔬菜，喝着好酒，同赏菊花。因为赏菊，大家在兴头中必赋诗，有祝主人有功国家，多福多寿，比之于古人某某典雅切题的好诗，有把本园主人写作卖菜媪对于旧事加以感叹的好诗，地方绅士有一种习惯，多会作点诗，自以为好的必题壁，或花钱找石匠来镌石，预备嵌墙中作纪念。名士伟人，相聚一堂，人人尽欢而散，扶醉归去。各人回到家中，一定还有机会做与五柳先生猜拳照杯的梦。

"玉家菜园改称玉家花园，是主人在儿子死去三年后的事。

"这妇人沉默寂寞地活了三年，到儿子生日那一天，天落大雪，想这样活下去日子已够了，春天同秋天不用再来了，把一点剩余家产全部分派给几个工人，忽然用一根丝绦套在颈子上，便缢死了。"

读着真是凉啊。干干净净凉透心。

还有汪曾祺的《受戒》：

"秋天过去了，地净场光，荸荠的叶子枯了，——荸荠的笔直的小葱一样的圆叶子里是一格一格的，用手一捋，哔哔地响，小英子最爱捋着玩，——荸荠藏在烂泥里。赤了脚，在凉浸浸滑滑溜的泥里踩着，——哎，一个硬疙瘩！伸手下去，一个红紫红紫的荸荠。她自己爱干这生活，还拉了明子一起去。她老是故意用自己的光脚去踩明子的脚。

"她挎着一篮子荸荠回去了，在柔软的田埂上留了一串脚印。明海看着她的脚印，傻了。五个小小的趾头，脚掌平平的，脚跟细细的，脚弓部分缺了一块。明海身上有一种从来没有过的感觉，他觉得心里痒痒的。这一串美丽的脚印把小和尚的心搞乱了。"

一方面作者笔力了得，另一方面作者心思干净，所以才能写得出这样的好文。最要紧的，还是心思干净吧。

第七一则

张曲江^①词云：“灵芝无根，醴泉无源。”^②丈夫克自崛起^③，岂皆由凤雏龙孙^④？

【注释】

①张曲江：即张九龄（673—740），字子寿，一名博物，谥文献。汉族，唐朝韶州曲江（今广东省韶关市）人，世称“张曲江”或“文献公”。唐玄宗开元年间尚书丞相，诗人。唐朝有名的贤相，举止优雅，风度不凡。自张九龄去世后，唐玄宗对宰相推荐之士，总要问“风度得如九龄否？”其《感遇》《望月怀远》等诗为千古传诵的名篇。

②“灵芝”二句：见张九龄《徐征君碣铭》，引自三国吴虞翻《子弟书》中“芝草无根，醴泉无源”之句。灵芝：传说中的瑞草、仙草。醴泉：“天降甘露，地出醴泉”，出自《礼记》。醴，甜酒；醴泉，甘美的泉水。

③克：能够。崛起：兴起，奋起。

④凤雏龙孙：也作“凤子龙孙”，谓帝王或贵族的后代。

【译文】

张九龄的词说：“灵芝无根，醴泉无源。”大丈夫如果能够自己奋发向上，又怎么会都出自于帝王贵族的后代？

【评点】

秦皇残暴,陈胜、吴广起兵征之。起事之时,陈胜说:"壮士不死则已,死即举大名耳,王侯将相宁有种乎?"(司马迁《史记·陈涉世家》)

掷地有声。

陈胜自小即有壮志,年轻时和人一同做佣工,休息时跟同伴说"苟富贵,毋相忘",同伴嘲笑他一把穷骨头,还妄想富贵,他长叹道:"燕雀安知鸿鹄之志。"日后他果然一飞冲天,做了一回历史烟尘中的英雄。

所以,成功不看出身,看你有没有雄心,以及与雄心相匹配的努力。相反,那些凤子龙孙们,早被长期优渥的生活奉养得不思上进,成了软骨头,倒难得成大器,别说创业,甚至守成都成了问题。

所以,还是不要因为自己出身贫寒而自轻自贱吧,世路即是江湖,英雄不问出处。

第七二则

三家村①里,任教牛斗蚁鸣②;一笑风前,不管水流花谢。

【注释】

①三家村:语出苏轼《用旧韵送鲁元翰知洺州》:"永谢十年旧,老死三家村。"指一个村庄只有三户人家,以此代指偏僻的小乡村。

②牛斗蚁鸣:典出《世说新语》:"殷仲堪父病虚悸,闻床下蚁动,谓是牛斗。"

【译文】

在只有三户人家生活的小村庄里，任凭人们争名夺利，好比牛斗蚁鸣；我只在风前一笑，才不管它水怎样流，花怎样谢。

【评点】

凡是有人群的地方，就有左中右。三个人也可以三个立场，然后开始牛斗蚁鸣，打个不亦乐乎。要想做一个干净的人，不妨远离琐碎的是非，因为它阻碍你走向崇高。

有人担心这样会导致自己的坏人缘，可是，网上有一段话，说得很有道理："我对一些事情不再有耐心，不是因为我变得自大，而仅仅是由于生命到了这个时期，我不愿浪费分毫在让我不开心和受伤害的事物上。我对愤世嫉俗、过度批判以及将别人的善意当作理所当然的行为失去耐心。同时我失去了做以下事情的动力：取悦不喜欢我的人，向不对我微笑的人微笑，让说谎的人操纵我哪怕一分钟。我决定不再与矫饰、虚伪、不诚实以及廉价的赞美共存。我不允许智识势力和学院派傲慢发生在我身上。我相信世界的多元性，由此我避免和顽固僵化、毫无弹性的人打交道。我介意缺乏忠诚的友谊，更介意背叛。我对不配得到我耐心的人不会有耐心。"

李银河也说过："人生在世，要躲开人群是最困难的一件事，无论是身体上，还是精神上，而人要过有质量的生活，一定要设法躲开人群。即使感觉到孤寂凄清也在所不辞。"

当然，这样说并不是要我们都离群索居，饱尝孤独的滋味，不妨在工作的时候，和人群分工合作，愉快工作，生活的时候，保有自己的独立生活状态和生活隐私。如果想有人刺探，对不起，我有权利拒绝。这样一来，就可以做到一笑风前，不管水流花谢——一种愉快的孤独。

第七三则

逸字是山林关目^①，用于情趣，则清远多致^②；用于事务，则散漫^③无功。

【注释】

①逸：闲适，安乐。山林：指隐居。关目：本义是指戏曲、小说中的重要情节，这里是指关键所在。

②清远多致：清明高远而富于情趣。

③散漫：此处指注意力分散，不专心。

【译文】

"逸"这个字是隐居山林的要义和关键，用在情怀志趣方面，则显得清幽高远；若是用于处理事务方面，就会散漫没有成效。

【评点】

若论做人，"逸"是好的，闲情逸致，吟赏烟霞，于想行处行，于想止处止。可是若论做事，"逸"则不好，流荡散漫，随心所欲，没有规划，没有计划，没有制度，没有进度，结果必不成功。

做人是功夫，做事是能力。有做人的大境界、大功夫自然是好；或是生在俗世，也要有经纶事务的能力。在这方面，我们不妨向慈禧手下的大太监李莲英学一学。这个人虽然是坏的，可是他做事的细致、周到却值得略为借鉴。《宫女谈往录》是一本纪实性的书，写到慈禧游湖。为了把这件事办得圆满、漂亮，且看需要做多少工作：

"老太后游湖可不是简单的事。俗话说'车动铃铛响'，只要老太后一动，外至护军内至敬事房的人都得动起来。沿着围墙一带要严加巡逻，闲杂人等不论做什么的，也要离开园墙半里路远，免得往里扔东西，惊了驾。至于敬事房的人就彻夜不得安闲了。先说寿膳房，要随船供应食物，原来几百人的寿膳房现在要选二十几个人在船上供应菜饭，这就要很费斟酌了。伺候船坞的人也要像我们伺候储秀宫一样，收拾得桌椅整洁，一尘不染。这就忙坏了李莲英，他随处察看，凡事必须他点头，才算安排妥当。这期间不知有多少人挨罚挨打受申斥。李莲英对这些事是丝毫不将就的。"

慈禧乘坐的龙舟铺陈不必说，自是上上品，还有陪同她游湖的龙舟，两条船上都坐了人，开始游湖了，龙舟在前，副舟在后，然后且看安排：

"又有两只小船由前面左右两个方向，向龙舟靠拢，正好迎着龙舟隔十几丈远漂荡着。有时这两小船并行在龙舟前面，有时参差着在龙舟左右，活像龙舟的两只触角。另外又有两只小船驶来了，直驶向龙舟的两旁，很清楚地看到一只船上有闪闪发光的铜茶炊，那是御茶房的船，伺候老太后用茶水的；另一只炊烟袅袅，那是寿膳房的船，是伺候老太后用膳的。湖面上远处又三三两两点缀着一些小船，船很小，小太监管那些小船叫瓢扇扇，一个艄公，另一个人蹲在船上，泊在荷花丛里，仿佛采莲似的，颇有江南水乡的味道。……突然远处的笛声从前边水面上飘拂而来，忽高忽低，时断时续，随风飘动，引得人的思绪也起伏动荡。那边一定另有个掌檀板的人，轻敲慢点，似有赞叹笛声的意思。一会儿东面的笛声断了，西面的箫声又起来，呜呜咽咽，声音又沉又远，让人听了忘情于一切。船慢慢地行着，箫声不断地飘来。

箫声还没停，东面船上的一支管子又继续响起来，嘹亮的声音顿时使人心情爽朗，檀板也变得清脆悦耳。这是前面的两只像触角似的游船专为伺候老太后奏的细乐，是升平署精心安排的。"

大家都侧耳细听，沉醉在歌管之中的时候，李莲英却不敢偷闲，他和另一个太监悄悄溜到船尾往四下望，那三三两两小瓢扇扇上的人也站起来望着龙舟，看看李总管有没有吩咐，这也是李莲英特意安排的，有什么临时谕旨，招呼小瓢扇扇迅速传达。没事时就装作采莲人，作为点缀。

该吃饭了，慈禧吩咐一声传膳，下面就是李莲英的功夫。他溜到船尾，"用准备好的竹筒喇叭一吹，不许用刺耳的金属响器，怕惊了驾，低低的三长声，就见左右的小船都迅速地行动起来。前面奏乐的两只小船也靠拢在一起了。带着茶炊膳具的小船，一只在龙舟左，一只在龙舟右，双双迅速地靠近龙舟，用翘板各自搭成两行的人行路跟龙舟连接起来。东边的一只作为上菜的船，西边的一只是接撤菜的船。太监们各就各位，井井有条，肃然站立，鸦雀无声。上菜像钟表一样，该停的停，该走的走，但开表的钥匙是在李莲英的手里。漂泊在湖面上的装作采莲的小瓢扇扇也'之'字长蛇地连缀起来，一直连缀到最近岸边的码头。码头上内奏事处的、寿膳房的、御茶房的、御药房的也恭敬待命，随时听候召唤，等没事时，再悄悄退下。张福高喊一声'膳齐'，这是请老太后入座的表示，同时李莲英用手里小红旗向前方十几丈远的乐队船一指，乐队竹弦就合奏起繁杂的乐声，这是表示老太后的正餐像日到中天一样，各方面都是兴隆昌盛的。寿膳船上的菜有条不紊地挨着次序向上递，太监们站在翘板上一个一个地向上传。我们都衣服整洁，带着雪白的垫布，凝神屏气，一点也不敢疏忽。"慈禧用膳，何时何地都是一百二十多道，李莲英就在旁边眼也不眨地指挥着上菜和撤菜。

李莲英就有这样的本事，慈禧有一个主意，他就有十个办法准备着去迎合，像游湖这样的事，安排得井井有条，严丝合缝，不经过他的深思熟虑是做不到的。

做人想来就是如此：人生在世，不能总是高蹈云端，雅来雅去，滚滚红尘，俗事也得沾染一些。要想把俗事办得漂亮，就得踏踏实实地用心，而不能一门心思奔逸，狂放不羁。

第七四则

赏识既谬，不知天下有真龙[1]；学力一差，徒与世人讥画虎[2]。要之体认[3]得力，自然下手有方。

【注释】

①"不知"句：典出刘向《新序杂事》："叶公子高好龙，钩以写龙，凿以写龙，屋室雕文以写龙。于是天龙闻而下之，窥头于牖，施尾于堂。叶公见之，弃而还走，失其魂魄，五色无主。是叶公非好龙也，好夫似龙而非龙者也。"于是有"叶公好龙"的成语流传，喻指表面上喜爱某种事物，实际上并非真正爱好它。

②"徒与"句：事见《后汉书马援传》："效季良不得，陷为天下轻薄子，所谓画虎不成反类狗也。"后世有"画虎不成反类犬"的话流传，喻指模仿不到家，反而不伦不类。

③体认：指体察、认识。

【译文】

欣赏的方向错了，就像叶公那样，喜欢的是假龙，并不知道天下有真龙存在；学养的功力如果不够，只白白让世人讥讽自己画虎不成反类犬。只要体察认识到位，自然下手有法则、有深度。

【评点】

做人要有做人的眼光，做事要有做事的水平。眼光差，认良为贱，买椟还珠；水平低，画虎不成反类犬。眼光是从胸怀志气上生发而来，胸怀宽广、志气高远，自然眼光不低，踏实认真，自然眼光不差；水平是从勤苦磨炼中来，凿壁偷光、囊萤映雪自然能满腹经纶，水平又怎么会低？王羲之练字，一池水都写成黑墨；怀素家贫，在芭蕉叶上练字，又在漆板上练字，甚至柔软的笔头把漆板磨穿。《儒林外史》里写王冕学画荷花，刚开始画得不好，可是他不懈怠、不灰心，画到后来，"那荷花精神、颜色无一不像：只多著一张纸，就像是湖里长的，又像才从湖里摘下来贴在纸上的"。

如此看来，只要不追求华而不实的东西，体察、认识深入到位，做人的境界自然高上一层；再加上勤学苦练，做事的水平自然也高上一层。

第七五则

文章之妙：语快令人舞，语悲令人泣，语幽令人冷，语怜令人惜，语险令人危，语慎令人密；语怒令人按剑，语激令人投笔，语高令人入云，语低令人下石。是谓骇目洞心^①，不在修辞琢句。故曰：鼓天下之动者在乎神。

【注释】

①骇目洞心：形容使人惊异。宋·杨万里《答周监丞》："'濯龙'二大字，洞心骇目，得未曾有。"

【译文】

文章的妙处在于：语言畅快，会令人起身而舞；语言悲哀，会令人潸然泪下；语言幽寂，会令人感觉寒冷；语言楚楚可怜，会令人疼惜；语言险峻，会令人自觉处境生危，不胜恐慌；语言谨慎，会令人思维周密；语言激愤，会令人投笔起身，壮怀激烈；语言高远，会令人有出尘入云之思；语言低俗，会令人想要落井投石。这就是所说的令人万般惊异的，并不在雕琢词句。所以说：文章能够鼓动天下的地方，是在它的思想神韵。

【评点】

我喜欢四处搜罗一些俏皮活泼的文字。写它的人因为没有身份，所以没有架子；因为没有架子，所以没有粉饰；因为没有粉饰，所以没有拘谨；因为没有拘谨，所以，个顶个的字都是那山涧流水里寸长的小活鱼，在阳光下一闪就没了影子。

比如说人爱臭美："但凡是人，都有些自恋，只要保证眼睛是两只，耳朵是一对，外带两个孔的鼻子和一张嘴，站在镜子前端详一段时间都会认为镜子里的人长相不俗，拆开来分析还会有惊喜发现，例如某一处可能完美得已经被古希腊雕像侵权复制。"

比如说师与学："所谓的师范类院校中所有教授杀伤力最强的必

杀技就是'镇压',而师范的学生毕业的时候都只学了这一招。这,就叫作一技之长,为什么长,因为除了这招没别的招。"

比如说英雄:"'什么是英雄?''所谓英雄,不过是一腔热泪,一手血债,一往无前,一生无言。'"

这样的文字,就算是无名氏写的,我也给它打一百分。

还有眉户《张连卖布》的一段唱词,挺有意思。张连赌输,货卖家当,夫妻对唱:

你把咱大涝池卖钱做啥? 我嫌它不养鱼光养蛤蟆。
白杨树我问你卖钱做啥? 我嫌它长得高不求结啥。
红公鸡我问你卖钱做啥? 我嫌它不下蛋光爱吱啦。
牛笼嘴我问你卖钱做啥? 又没牛又没驴给你带家。
五花马我问你卖钱做啥? 我嫌它性情坏爱踢娃娃。
大狸猫我问你卖钱做啥? 我嫌它吃老鼠不吃尾巴。
大黄狗我问你卖钱做啥? 我嫌它不咬贼光咬你妈。
做饭锅我问你卖钱做啥? 我嫌它打搅团爱起疙瘩。
风箱子我问你卖钱做啥? 我嫌它烧起火来噼里啪啦。
小板凳我问你卖钱做啥? 我嫌它坐下低不如站下!

我老家村里即有这么一个活现世的张连,所以读它如吃园里现拔的葱,有股子新鲜热辣劲。

这样的文字轻松、疏狂,是野狐禅,上不得庙堂,可是最真切,因为它里面有"神",就像诗三百,因出自民间,所以不虚矫伪饰,字字皆真。因为一个"真"字,喜也动人,悲也动人,狂也动人,怒也动人,这便是文章的"神"了。有神的文字是活的,活着的文字,它的背后,都生活着一个活着的人。真切地爱着,恨着,厌恶着,对生活进行着无奈却又必须的提纯，活的文字是心头血，是自己心尖上开出来的花，《红楼梦》如此，《平凡的世界》如此，态度真诚的写作者写出来的个个如此。

第七六则

为园栽植之繁，非徒侈观①，实备供具②。如花可聚褥，叶可学书，竹可挂衣，茅可为藉③。效用自真，颇领佳趣。至于裁菱荷以为衣，将薜荔④以成服，纫兰为佩⑤，拾箨⑥为冠，检竹刻诗，倚杉完局⑦，松花当饭，桃实充浆，犹见逸士之取裁⑧，更得草木之知己。

【注释】

①侈：浪费，用财物过度。侈观：满足观赏的欲望。

②供具：用来陈设、供奉、装典的用具。

③藉（jiè）：垫在下面的东西，衬垫。

④薜荔：又名凉粉子、木莲等。攀缘或匍匐灌木，叶两型，不结果，枝节上生不定根，叶卵状心形。产福建、江西、浙江、安徽、江苏、台湾等地。化自屈原《九歌山鬼》："若有人兮山之阿，被薜荔兮带女萝。"

⑤纫兰为佩：缝制兰草作为佩饰之物。语出屈原《离骚》："纫秋兰以为佩。"

⑥箨（tuò）：竹笋外层一片一片的皮、笋壳。

⑦完局：下棋。

⑧取裁：选取。《文心雕龙·杂文》："斯类甚众，无所取裁矣。"

【译文】

经营一个园林，广栽花木，并不只是为的一味满足观赏的欲望，实在是可以用来做供具。如花朵聚在一起，可做坐褥，叶子可以练习书法，竹竿可以挂衣服，茅草可以做衬垫。能够让它们各自发挥作用，且令人感觉很有趣味。至于荷叶裁衣，薛荔做服，兰草做佩饰，拾来笋壳做帽子，捡竹片来刻诗，倚杉树而下棋，拿松花当饭吃，把桃实做浆水，更可以由这些做法来见到逸士不同于世人之处，且更可以把草木当成知己。

【评点】

农耕社会，花果草木甚蕃，只要淡泊名利，不以功名为念，不想着荣身显达，光宗耀祖，而安于陇亩之间，将胸中学识不货与帝王家，而甘于粗食布衣的隐逸生涯，那么，做一个隐士还是很有可操作性的。

《醒世恒言》里有一个小说《灌园叟晚逢仙女》，主人公秋先就不事俗务，专务养花，种了一个大花园，园中锦绣纷繁，耀花人眼："那园周围编竹为篱，篱上交缠蔷薇、荼䕷、木香、刺梅、木槿、棣棠、金雀，篱边遍下蜀葵、凤仙、鸡冠、秋葵、莺粟等种。更有那金萱、百合、剪春罗、剪秋罗、满地娇、十样锦、美人蓼、山踯躅、高良姜、白蛱蝶、夜落金钱、缠枝牡丹等类，不可枚举。遇开放之时，烂如锦屏。远篱数步，尽植名花异卉。一花未谢，一花又开。向阳设两扇柴门，门内一条竹径，两边都结柏屏遮护。转过柏屏，便是三间草堂，房虽草覆，却高爽宽敞，窗榍明亮。堂中挂一幅无名小画，设一张白木卧榻。桌凳之类，色色洁净，打扫得地下无纤毫尘垢。堂后精舍数间，卧室在内。那花卉无所不有，十分繁茂，真个四时不谢，八节长春。……篱门外，正对着一个大湖，名为朝天湖，俗名荷花荡。这湖东连吴淞江，西通震泽，南接庞山湖。湖中景致，四时晴雨皆宜。秋先于岸傍堆土作堤，广植桃柳，每至春时，红绿间发，宛似西湖胜景。沿湖遍插芙蓉，湖中种五色莲花，盛开之日，满湖锦云烂漫，香气袭人，小舟荡桨采菱，歌声泠泠。遇斜风微起，偎船竞渡，纵横如飞。柳下渔人，舣船晒网，也有戏儿的，结网的，醉卧船头的，没水赌胜的，欢笑之音不绝。那赏莲游人，画船箫管鳞集，至黄昏回棹，灯火万点，间以星影萤光，错落难辨。深秋时，霜风初起，枫林渐染黄碧，野岸衰柳芙蓉，杂间白苹红蓼，掩映水际，芦苇中鸿雁群集，嘹呖干云，哀声动人。隆冬天气，彤云密布，六花飞舞，上下一色。那四时景致，言之不尽。有诗为证：朝天湖畔水连天，不唱渔歌即采莲。小小茅堂花万种，主人日日对花眠。"

　　有这样的一个园子，园外又是这样的美景，这样的隐士生活，多好啊。可惜主人公不是懂诗词歌赋的风雅之士，若是有学养在胸，那就真的像本书作者所言的，可以聚花以为褥，花叶以学书，丛竹以挂衣，茅草可作枕藉。篱外塘中，菱荷为衣，绕树薜荔藤萝为服为佩，竹箨作冠，竹片刻诗。若有风雅之友来，可以倚杉倚松而对局。饥来松花当饭，渴时桃实作浆。与自然为一体，同草木做知己。真是远离人间是非，活活羡煞人的神仙日子。到这一地步，真就如同刘禹锡的《陋室铭》所说："山不在高，有仙则名。水不在深，有龙则灵。斯是陋室，惟吾德馨。"

第七七则

则何益矣，茗战①有如酒兵②；试妄言之，谈空③不若说鬼④。

【注释】

①茗战：就是我们通常所说的斗茶，它是我国古代以竞赛方式评定茶叶质量优劣、沏茶技艺高下的一种方法，可谓是中国古代品茶的最高表现形式。

②酒兵：指酒。《南史》卷六十一《陈庆之列传·陈暄》："故江谘议有言：'酒犹兵也，兵可千日而不用，不可一日而不备；酒可千日而不饮，不可一饮而不醉。'"后因谓酒为"酒兵"。

③谈空：谈论佛教义理。空，佛教以诸法无实性谓空，与"有"相对。此泛指佛理。

④说鬼：宋·叶梦得《避暑录话》载，苏轼被贬黄州和岭南时，经常同宾客说笑话，"有不能谈者则强之说鬼，或辞无有则曰：姑妄言之。于是闻者无不绝倒，皆尽欢而后去"。

【译文】

有什么好处呢，斗茶好比斗酒；且随便说一句吧：与其谈论空无，不如说神论鬼。

【评点】

茶之一字，透着清雅，以茶入诗，诗味也变得清悠淡远，如梦如仙。唐朝灵一和尚有诗："野泉烟火白云间，坐饮香茶爱此山。岩下维舟不忍去，清溪流水暮潺潺。"宋朝黄庭坚有词："香芽嫩茶清心骨，醉中襟量与天阔，夜阑似觉归仙阙。走马章台，踏碎满街月。"唐朝元稹更有别致的宝塔诗：

"茶

香叶，嫩芽。

幕诗客，爱僧家。

碾雕白玉，罗织红纱。

铫煎黄蕊色，碗转曲尘花。

夜后邀陪明月，晨前命对朝霞。

洗尽古今人不倦，将知醉前岂堪夸。"

唐人卢仝更是对茶盛赞："一碗喉吻润，两碗破孤闷。三碗搜枯肠，唯有文字五千卷。四碗发轻汗，平生不平事，尽向毛孔散。五碗肌骨清，六碗通仙灵。七碗吃不得也，唯觉两腋习习清风生。"

饮茶不比饮酒，饮酒可以满堂闹哄哄，"老虎杠子鸡"地行酒令，或是你三碗我五碗地斗酒而饮；饮茶却是二三素心人对坐曼声轻吟，轻啜细品。可是许是爱茶至盛，于是出现了斗茶的局面，宋朝斗茶之风极盛。斗茶者各取所藏好茶，轮流烹煮，相互品评，以分高下。或多人共斗，或两人捉对"厮杀"，三斗二胜。斗茶要斗茶品，要斗茶令，要斗茶百戏。斗茶品讲究用活水，茶则新为贵，一斗汤色，二斗水痕。茶汤纯白为胜，色偏青说明蒸茶火候不足；色泛灰说明蒸茶火候已过；色泛黄说明采制不及时；色泛红说明烘焙过火了。再看汤花，"咬盏"为胜，若不能咬盏为负。斗茶令则同斗酒令同，行令本为相斗，这个自不必言。斗茶百戏则更令人眼花缭乱，斟茶能把茶汤汤花瞬间变山变水，云起雾生，又瞬间如花鸟鱼虫。斗茶自是好的，可是却失之热闹，且茶本意教人清心，如今却让人将胜负放在心上，确实失去茶之本意；就好比饮酒时你争我斗一样，也大失其趣。

说到佛教义理，经书三万卷，不敌佛祖拈花一个微笑，此时无声胜有声。若是滔滔不绝，口若悬河，品说佛法，早被语言掩盖了佛法真相。所以义理只在沉思默想，心心相印。与其谈讲这些，真不如说些鬼神之说，还可以给人提神醒脑，为无趣的生活添些俗趣。

第七八则

镜月水花，若便慧眼①看透；剑光笔彩，肯教壮志消磨。

【注释】

①慧眼：佛教语。五眼（肉眼、天眼、慧眼、法眼、佛眼）之一，指二乘的智慧之目，亦泛指能照见实相的智慧。现多指敏锐的眼力。

【译文】

虚幻的镜花水月，只要生一双慧眼，便能把它们看透；剑尖的锋芒，笔头的光彩，怎么能让壮志消磨（以致遗忘了它们）？

【评点】

明代僧人袾宏本是儒生，三十二岁出家，作《七笔勾》明志：

恩重山丘，五鼎三牲未足酬。亲得离尘垢，子道方成就。嗏（chā），出世大因由，凡情怎剖？孝子贤孙，好向真空究。因此把五色金章一笔勾。

凤侣鸾俦，恩爱牵缠何日休？活时乔相守，缘尽还分手。嗏，为你两绸缪，披枷带扭。觑破冤家，各自寻门走。因此把鱼水夫妻一笔勾。

身似疮疣，莫为儿孙作远忧。忆昔燕山宝，今日还在否？嗏，毕竟有时休，总归无后。谁识当人，万古常如旧。因此把贵子兰孙一笔勾。

独占鳌头，漫说男儿得意秋。金印悬如斗，声势非常久。嗏，多少枉驰求，童颜皓首。梦觉黄粱，一笑无何有。因此把富贵功名一笔勾。

富比王侯，你道欢时我道愁。求者多生受，得者忧倾覆。嗏，淡饭胜珍馐，衲衣如绣。天地吾庐，大厦何须构？因此把家舍田园一笔勾。

学海长流，文阵光亡射斗牛。百艺丛中走，斗酒诗千首。嗏，锦绣满胸头，何须夸口。生死跟前，半时难相救。因此把盖世文章一笔勾。

夏赏春游，歌舞场中乐事稠。烟雨迷花柳，棋酒娱亲友。嗏，眼底逞风流，苦归身后。可惜光阴，嬷罗空回首。因此把风月情怀一笔勾。

这首诗又与《红楼梦》中的"好了歌"骈生俪长，同为拨开浮云见青天的明白之言：

世人都晓神仙好，惟有功名忘不了！古今将相在何方？荒冢一堆草没了。

世人都晓神仙好，只有金银忘不了！终朝只恨聚无多，及到多时眼闭了。

世人都晓神仙好，只有娇妻忘不了！君生日日说恩情，君死又随人去了。

世人都晓神仙好，只有儿孙忘不了！痴心父母古来多，孝顺儿孙谁见了？

若生就一双慧眼，自然看穿这些世情；只可惜世人愚痴，看透看穿的少，执迷不悟的多。这既是无可奈何，也是势所必然，否则岂不是禅刹塞满，尘世无人了？若是如此，谁又事生产，延后嗣？只要留此一线生机，教人百般疲累苦焦之时有一个退步，也就够了。

人又常说常立志易，立常志难，皆因为凡俗平庸的柴米油盐极容易把雄心壮志消解得无影无形。本当用功时，却有人邀吃酒；本欲努力时，却犯了懒病；更有那烛影摇红，让人肉软骨酥。当初三国争战，刘备依附刘表而住荆州，刘表怕他势力壮大，不教迎敌，一日刘备如厕见髀里肉生，感慨落泪，对刘表说："我常年马上征战，身不离鞍，大腿上肥肉消散，精壮结实；到这里后闲居安逸，髀肉复生。想起时光如水，日月蹉跎，人转眼即老，而功名未建，悲从中来。"正因为有这样的警惕之心，所以才有日后三分天下的功业。我们若想不庸碌一生，也当如此。

第七九则

溪上清流梳石发，无妆亦整云鬟①；阶前细雨洗苔衣，不舞常明翠袖②。

【注释】

①云鬟：指乌黑秀美的长发。

②翠袖：青绿色衣袖。泛指女子的装束。杜甫《佳人》诗："天寒翠袖薄，日暮倚修竹。"

【译文】

清澈的溪中流水梳理着石上的水草，好像美丽的女子，即使不曾

梳妆，也要整理一番鬓发；细雨漫下，清洗着阶前的青苔，又像明艳
的舞者，即使不曾跳舞，也要衣服常洗常新。

【评点】

美丽的自然景象，最能清心安神，是上佳的疗治之药。若闲常无
事，门前可有一带清流，水草悠然自在；天上时落细雨，墙角青苔阴阴，
真是神仙一般的好日子。

第八十则

烈士①须一剑，则芙蓉赤精②，不惜千金购之。士人唯此寸管③，映
日干云之气，那得不重值相索。

【注释】

①烈士：此处指有节气有壮志的人。

②芙蓉赤精：意谓名贵的宝剑。芙蓉，即芙蓉剑。汉·袁康《越绝书·
外传记宝剑》载越王勾践有宝剑名"纯钩"，相剑者薛烛以"手振拂，
扬其华，捽如芙蓉始出"。后因以指利剑。唐·卢照邻《长安古意》诗：
"相邀侠客芙蓉剑。"赤精，即赤堇山，在今浙江绍兴东南，相传为
春秋时欧冶子铸剑之处。晋·张协《七命》："楚之阳剑，欧冶所营，
耶溪之铤，赤山之精。"

③寸管：亦作"寸毫"，毛笔的代称。

豪杰志士想要拥有一把好剑，若遇到芙蓉赤精宝剑，肯定不惜千金购买；读书的士子手中只有这一支毛笔，为了写出照映日光、直抵云层、充满浩然之气的好文章，又怎能不花重金去购买？

【评点】

据说战士爱枪如同爱惜自己的眼珠子，冷兵器时代，豪侠爱兵器，也如爱惜眼珠子；文士以笔为剑，自然爱惜手中的笔也如爱惜眼珠子。如今时代进步，电脑风行，我们在键盘上敲敲打打，深觉便利的同时，也确实觉得少了一点什么。少了点什么呢？少了点手工作坊时代，亲手、亲笔、亲力、亲为的一种亲切感。手工织出来的布匹，和机织的布匹，感觉是不一样的；手缝的衣物，和机器缝制的衣物，感觉是不一样的；手工打制的刀剑，和流水线生产的刀剑，感觉是不一样的；键盘敲出来的制式文字，和手中笔写出来的文字，感觉是不一样的……若是阁下手中还有笔，笔端还流得出文字，请一定珍惜。珍惜你的笔，珍惜你的字，如是珍惜你这个人，和这颗朴实爱旧的心。

第八一则

天下诸伴易结，独有野性寡谐①。李青莲曰："忽忆范野人。"②杜工部曰："闻君多道骨。"③观此则知尘外之交④，自昔不易。

【注释】

①寡谐：寡，少。谐，和谐，相知。缺少相知的人。

②"李青莲"句：李青莲，即李白，号青莲居士。"忽忆范野人"，语出李白诗作《寻鲁城北范居士失道落苍耳中见范置酒摘苍耳作》。

③"杜工部"句：杜工部，即杜甫，因其曾任检校工部员外郎，故世称杜工部。闻君多道骨，杜甫《过南邻朱山人水亭》有句："看君多道气。"此处乃作者误记。

④尘外之交：世俗之外的交往。

【译文】

放眼天下，什么样的人都能够找到同行者，只有怀有野性的人，难有同行的人。李白说："忽忆范野人。"杜甫说："闻君多道骨。"看这些就知道世俗之外的交往，从古到今，都是不容易的事。

【评点】

人不能光是讲究和光同尘，也不能一味沉溺于交际，还是要保持自己的独立性，甚至是野性。

所谓的野性，当是指不被任何人、任何群体、任何学说、任何宗教绑架，对于世界和事物始终保有自己的独立看法。不能因为朋友向左看，自己就一定向左看；因为组织向右看，自己就一定向右看；这种学说让人向前看，自己就一定向前看；那种宗教让人向后看，自己就一定向后看。跟在别人脚步后面亦步亦趋是耻辱的，要和自己的真理在一起。甚至也不被真理驯养，因为很多真理也是有其时效性的，过时的真理即等于谬误讹错。死抱着当初的真理不放，又成了被旧习惯、旧思想绑架，也就丧失了野性。

野性即自由，自由的思想是清水里的游鱼，它是活泼泼的。你，有野性吗？

第八二则

遨游仙子，寒云几片束行装；高卧幽人^①，明月半床供枕簟^②。

【注释】

①高卧：安卧；悠闲地躺着。此处指隐居不仕。幽人：指幽居之士。宋·苏轼《定惠院寓居月夜偶出》诗："幽人无事不出门，偶逐东风转良夜。"

②簟（diàn），供坐卧铺垫用的苇席或竹席。

【译文】

遨游四方的仙人，只需要几片寒云裹身即可成行；悠闲躺卧的幽居之士，只要有半床明月，就可以作为枕席。

【评点】

仙子也好，幽人也罢，都是精神世界丰富而对物质生活要求不高的人，所以能够满足于寒云束行装，明月供枕簟。反观世俗中人，有一想二，得二愿三，有三望四，怀里抱着四，心里又念着五……无尽无休。

话说如今一个农民歌手大红大紫，出钱为乡里人修路，又为贫困人群捐款，可是乡民却并不领情，说是他赚了这么多钱，应该给我们一人买一辆小轿车，再一人给一万块钱。

这就是贪。

就像一本叫作《海奥华预言》的书所说的："现在已经是某些重大事件必定要发生的时候了。地球度过了数千年的黑暗和愚昧之后，出现了所谓的'文明'。物质技术不可避免地发展了，这种发展在过去 150 年间是飞速的。地球上过去也有过另一个可媲美的文明，从那时到现在已经有 14500 年了。地球上现在的技术进步，不但根本就无法和真正的知识相比，而且还会在不远的将来对人类造成危害！

"其危害的根源，是因为它只是物质文明知识而不是精神文明知识。物质文明应当支持和有助于精神文明的发展，而不是限制和约束人们对后者的追求。在地球上，这种现象却在愈演愈烈，一切都在物质世界里兜圈子。你们地球上目前的情况就是如此。

"在更大程度上，你们地球人着魔于一个单纯的目的——财富，人们一生好像都是为了财富而活。人们妒忌、吝啬，憎恨富人，蔑视穷人。换句话说，你们现在的技术一点也比不上 14500 年前，反而正将你们的文明拉向倒退，将你们的精神文明一步步地推向灾难。"

看吧，如今多少人做了房奴、车奴、卡奴，把大好的时间和精力都花费在比富和炫富上，若让我们衣着简朴，供具寒碜，只怕不但不觉得悠然自得，反而会羞臊得没脸见人。可是，是真的没脸见人吗？把供房、供车的钱拿来读书、旅游，广博见识，开阔心胸，不是更大、更有益处的投资？一旦摆脱世俗流行的挟制，不是会置身更加自由的天地？

第八三则

海市蜃楼奇观，总属乌有^①。因知天下饱眼之物，色色空华^②。

【注释】

①乌有：乌，通"无"。虚幻；不存在。《北齐书·文宣帝纪》："譬诸木犬，犹彼泥龙，循名督实，事归乌有。"

②色色：样样，各式各样。空华：华，通"花"，"空花"，佛教语，喻指纷繁的妄相和假相。

【译文】

海市蜃楼这样的奇观，总归是子虚乌有的事。因此而知天下令人眼花缭乱的物事，样样都是假相。

【评点】

《般若波罗蜜多心经》里说："观自在菩萨，行深般若波罗蜜多时，照见五蕴皆空，度一切苦厄。舍利子，色不异空，空不异色，色即是空，空即是色。"这话说得实在是有道理。世上令人目迷五色之物，哪一种不是阳焰空花，转瞬即逝？从美人到花朵，从庭堂楼宇到雕刻绘画，在在色色都不能永恒。但是世人却执着于这种空花幻影而不自知，只想将虚幻化为永恒，岂不如猴子捞月亮一般徒劳无功？一念及此，不如豁达一些，任其来去，我一心八风吹不动。

　　两位喇嘛不用纸笔，而是用细沙，在一个空白的画布上，一点点"浇灌"出一幅浩渺的唐卡。先勾勒轮廓，再把染了颜色的细沙各安其位，轻轻抖落在画布上，渐渐成点，成线，最后成形。用了整整一个月的时间。一个瑰丽无比的佛教圣堂出现在人们眼前。佛光闪耀，佛祖的头顶罩着光环，细眉垂目，嘴角弯弯，慈爱悲悯，注视人间。

　　可是这么精美的唐卡，怎么才能保存下来呢？

　　谁也没想到，这两位喇嘛慢慢举起手来，把沙上的佛、殿、僧、飞天、婆罗树叶、祥云，唰啦啦拂散，扫平，一切好像从未发生。而这两个人脸上的神情和作画的时候一样从容、淡定，仿佛付出这一个月艰辛努力的，是别人。这就是佛的真谛吧。既要学得会漫长的付出与坚持，又要享得过短暂的愉悦与欢欣，还要忍得住失去之后的伤与痛。

　　其实每个人的生命都是一张画在沙上的唐卡，既然有胆色画完满张满幅的绚烂，就更要有胆色承担一切重新变成"白板"的痛苦。说到底，凤凰涅槃不是为的在火中消除生命，而是为的光彩重生。而这一幅白板上，本来可以再接着画另一张完全不同的美丽唐卡。

第八四则

　　小窗偃卧[①]，月影到床。或逗遛于梧桐，或摇乱于杨柳。翠叶扑被，俗骨俱仙。及从竹里流来，如自苍云[②]吐出。清送素娥[③]之环佩，逸移幽士之羽裳[④]。相思足慰于故人，清啸自纡于长夜。

①偃卧：仰卧，睡卧。《孙子·九地》："令发之日，士卒坐者涕沾襟，偃卧者涕交颐。"

②苍云：苍绿的云。

③素娥：嫦娥的别称，也指代月亮。李商隐《霜月》诗："青女素娥俱耐冷，月中霜里斗婵娟。"

④幽士：指隐士。羽裳：用羽毛制成的衣服，以此指代道士仙人、隐士等人所穿的衣服。

【译文】

小窗下躺卧，月影洒到床上。窗外月光或者在梧桐树间逗留，或者摇乱杨柳柔软的枝条。翠叶纷扑披散，哪怕是俗世骨态都弥漫仙气。等到它从竹丛里流出，就好像从苍绿的云中吐出一样。它的清脆好像送来嫦娥环佩之声，它的超逸好像是吹动了幽士用羽毛做成的衣裳。此时我深长的思念足以使故人倍感欣慰，清亮的啸声在长夜里婉转悠扬。

【评点】

爱月之人，大约是一样的心思。躺在床上，看月影悄移，时而纤云弄月，时而寒星伴月，时而月移梧桐，时而月映杨柳，四下俱静，唯夜虫声声，令人不忍睡。作者这段话，令人想起苏轼的《记承天寺夜游》："元丰六年十月十二日夜，解衣欲睡，月色入户，欣然起行。念无与为乐者，遂至承天寺寻张怀民。怀民亦未寝，相与步于中庭。庭下如积水空明，水中藻荇交横，盖竹柏影也。何夜无月？何处无竹柏？但少闲人如吾两人者耳。"的确，月照千江水千户人家，梧竹也是处处皆有，可是心若不闲却视而不见。人活在世，怕的不是事忙，而是心不闲。心若不闲，整个人都是躁的，顾不上看月色，也辜负好人间。

第八五则

清于骨①，令见者形秽，如侧珠玉②；清于态③，令见者色阻，如坐针芒④。

【注释】

①清于骨：风骨清俊秀雅。

②如侧珠玉：如珠玉在侧，喻指仪态清俊秀雅的人在身边。典出《世说新语·容止》："骠骑王武子是卫玠之舅，俊爽有风姿。见玠辄叹曰：'珠玉在侧，觉我形秽。'"

③清于态：指神态清秀俊美。

④如坐针芒：犹如坐针毡，形容坐立不安。

【译文】

风骨清俊秀雅，会令见到的人自惭形秽，如同身旁是宝贵的珠玉；神态清秀俊美，会令见到的人神色不安，就好像坐在针毡上一样。

【评点】

神清骨秀的人确实令俗人自惭形秽，如坐针毡。而人们对待美好的人物的态度，却少有赞赏，而多毁伤。《后汉书·黄琼传》说："峣峣者易缺，皦皦者易污。"因为人们受不了完美的人，所以一定会想办法脏污他，破坏他，毁灭他。这也是人的一种劣根性吧。了解了这一点，哪怕自己再怎样品行高洁，也要注意放低姿态，和光同尘，好保全自己。

第八六则

习俗以假遇假^①，真心相索^②，则面目辄^③移；语言以讹传讹^④，实论相参^⑤，则是非争起。

【注释】

①以假遇假：以虚假来应对虚假。遇：对待，应对。

②真心相索：探究真心。索：探究。

③辄：就。

④以讹传讹：把本来就不正确的话又错误地传出去，越传越错。讹：谬误。

⑤实论相参：用正确的言论去纠正对方。

【译文】

我们的习俗就是用虚情假意来应对虚情假意，若是探究真心，就会面目改换，十分难看；语言以讹传讹，若是用正确的言论去参究，就会是非相争，无尽无休。

【评点】

人间恶习，就是以假遇假，逢人只说三分话，不肯全抛一片心。

三分话尚且是多说，甚至一分实话也没有，就是以虚打虚，你假我也假。常言道"好话越捎越少，赖话越传越多"，又道是"三人言而成虎"，一不留神就是流言蜂起。

说话是如此，做事也是如此，彼此相争相斗，又不是明刀明枪，而是暗里打仗，你给我使绊子，我给你下套子。若是各自把真心话掏出来，又必不是什么好话，是一定要鼻子不是鼻子脸不是脸地打起来的。

若想净化这种不良风气，最好从自身做起：不对的不做，不真的不谈。也不必大张旗鼓与世风作对，只是悄悄地坚持自己的原则罢了，所谓外圆内方，大抵如此。

第八七则

落落①者难合，一合便不可分；欣欣者易亲，乍亲忽然成怨。故君子之处世也，宁风霜自挟，无鱼鸟亲人。

【注释】

①落落：形容性格孤高不合群：落落寡合。宋·李纲《辞免尚书右仆射第一表》："志广材疏，自笑落落而难合。"

【译文】

性格孤高的人很难和人合群，一旦遇合便不会分开；性格和顺、左右逢源的人容易和人亲近，只是此刻看着亲密无间，忽然就会成为冤家对头。所以君子立身处世，宁可如同风霜一般严峻自重，也不像鱼和鸟那样容易和他人亲近。

【评点】

方正的人性情孤高，故而难以交友；普通人没有那么强的原则性，倒是容易结交，甚至见面就是朋友，一会儿就称兄道弟，只是保不定什么时候就翻脸成仇。看多了世人的乍合乍分，实在是没什么趣味，倒不如真的立身清洁的君子，宁可独自领略风霜，也不主动亲近人群。甚至清醒的智者不但不会主动亲近人群，还会有意识地远离人群，因为人群实在是很危险的一种东西，它可以消解个人的意愿和志向，让一个个独立的人变成一个群体的一个个分子，再没有"自我"可言。

两人为伴，三人成群，一旦聚集成群，脾气性格再不同的人们的感情和思想都会如葵花向太阳，全都转向同一个方向。一个豪爽、勇猛的群体，它的每一分子都会变得豪爽、勇猛；一个懦弱的群体，又会使它的每一分子都变得懦弱无力——哪怕群体拆散之后，每个个体都能够以一敌十，甚至以一当百，但也不会妨碍他们身在群体时，乖乖地在比他们实力低微得多的对手面前，放下武器，双手高举，摆出投降的姿势。

很多群体，哪怕是博学之士，一旦加入，他们那些引以为傲的、各自具备的观察力和批判能力也会直线下降，剩下的，只有服从、融入、歌颂。

一般的人，总会身不由己加入一个甚至数个群体，然后把身上多余的成分去掉，不足的地方填充，改造成这些群体需要的样式。而群体里的人，就会个个都"欣欣者易亲"，转而又"乍亲忽然成怨"，可悲得很。

第八八则

委形①无寄，但教鹿豕为群②；壮志有怀，莫遣草木同朽。

【注释】

①委形：谓自然或人为所赋予的形体。《庄子知北游》："舜曰：'吾身非吾有也，孰有之哉？'曰：'是天地之委形也。'"

②鹿豕为群：与鹿、猪为伍，形容隐身草木之间，生活平凡，默默无闻。

【译文】

人的身体无从寄托，只需隐身草木之间，和鹿与猪等一同生活；心里如怀着豪情壮志，就不要和草木一同腐朽。

【评点】

"人，最宝贵的是生命。生命对每个人只有一次。这仅有的一次生命应当怎样度过呢？每当回忆往事的时候，能够不为虚度年华而悔恨，不因碌碌无为而羞耻；在临死的时候，他能够说：'我的整个生命和全部精力，都已经献给了世界上最壮丽的事业——为人类解放而进行的斗争。'"

这句影响了几代人的名言，说的是人间至理。人活一世，草木一秋，一定要过得有意义，不能虚度年华，也不能碌碌无为。而所谓的

"有为"指的并不是高官厚禄、光宗耀祖，而是要探寻到人生真谛，为理想而奋斗。也许你的理想是做一个好木匠，他的理想是做一个好和尚，我的理想又是读万卷书，行万里路……无论怎样，只要坚持实现它就好。

第八九则

春归何处，街头愁杀卖花；客落他乡，河畔生憎折柳①。

【注释】

①生憎：最恨；偏恨。唐·卢照邻《长安古意》诗："生憎帐额绣孤鸾，好取门帘帖双燕。"折柳：古人离别时，有折柳枝相赠之风俗。最早出现在汉乐府《折杨柳歌辞》中。"折柳"一词寓含"惜别怀远"之意。我国的古代，亲朋好友一旦分离，送行者总要折一枝柳条赠给远行者。

【译文】

春天到了哪里呢？只把街头卖花的人愁得要死；客居流落到了他乡，对于河畔折柳送别亲人的举动就十分厌憎。

【评点】

花开总怕花谢，人聚又忧人散，是进亦忧，退亦忧，然则何时而乐也？

答案未必是"先天下之忧而忧，后天下之乐而乐"，倒可以花开赏花，花落尝果；人聚尽欢，人散尽得清静安宁。是进亦喜，退亦喜，无时而不可乐了。

我们修心，不就是要修得不以物喜，不以己悲，豁达开朗，不以一己为念吗？到了这个地步，就可以春归何处亦无碍，客落他乡不添愁。

第九十则

雅俗共倾，莫如音乐。琵琶叹于远道①，箜篌引于渡河②，羌笛弄于梅花③，鹅笙鸣于彩凤④。不动催花之羯鼓⑤，则开拂云之素琴⑥，不调哀响之银筝⑦，则御繁丝之宝瑟⑧，磬以云韶制曲⑨，箫以天籁著闻⑩，无不入耳会心⑪，因激生感。今也冯骥之铗，弹老无鱼⑫；荆轲之筑，击来有泪⑬。岂独声韵之变，抑亦听者易情。

【注释】

①"琵琶"句：用的是昭君出塞的典故。汉朝时王昭君远嫁匈奴，弹琵琶以遣怨抒怀。杜甫《咏怀古迹》："千载琵琶作胡语，分明怨恨曲中论。"

②"箜篌"句：箜篌，弹弦乐器，七弦。唐诗人李贺有诗《李凭箜篌引》，前有语谈箜篌引曰："一曰《公无渡河》。崔豹《古今注》曰：'《箜篌引》者，朝鲜津卒霍里子高妻丽玉所作也。子高晨起刺船，有一白首狂夫，被发提壶，乱流而渡，其妻随而止之，不及，遂堕河而死。于是援箜篌而歌曰：'公无渡河，公竟渡河，堕河而死，其奈公何。'

声甚凄怆，曲终亦投河而死。子高还，以语丽玉。丽玉伤之，乃引箜篌而写其声，闻者莫不堕泪饮泣。丽玉以其曲传邻女丽容，名曰《箜篌引》。又有《箜篌谣》，不详所起，大略言结交当有终始，与此异也。'"

③"羌笛"句：羌笛，单簧气鸣乐器，音色清脆高亢，并带有悲凉之感。因原产于古羌族，故名。古羌笛曲中有抒发思乡之情的《梅花落》。刘禹锡《杨柳枝》："塞北梅花羌笛吹。"

④"鹅笙"句：典出刘向《列仙传·王子乔》："王子乔者，周灵王太子晋也。好吹笙，作凤凰鸣。"鹅管笙，因其表面鹅黄色，故名。唐·李贺《步虚词》："元君夫人蹋云语，吟风飒飒吹鹅笙。"

⑤催花之羯鼓：典出唐·南卓《羯鼓录》：唐玄宗喜好羯鼓，曾经在内庭击鼓，并且自己作了一曲《春光好》。当时正赶上庭中杏花开放，唐玄宗笑着说："此一事，不唤我作天公可乎？"羯鼓，古代一种打击乐器。起源于印度，从西域传入，盛行于唐开元、天宝年间。《通典乐四》："羯鼓，正如漆桶，两头俱击。以出羯中，故号羯鼓，亦谓之两杖鼓。"

⑥拂云之素琴：典出《韩非子·十过》。晋平公曾强令师旷弹琴："一奏之，有玄云从西北方起。再奏之，大风至，大雨随之。"素琴，不加装饰的琴。

⑦哀响之银筝：典出《晋书·桓宣列传·（族子）桓伊》，谢安官高位显，为人所谮，孝武帝疑忌。正赶上孝武帝召桓伊饮宴，谢安侍坐一旁。帝命桓伊吹笛，吹一弄后，桓伊请弹筝，而歌《怨诗》曰："为君既不易，为臣良独难。忠信事不显，乃有见疑患。"声节慷慨。谢安泪下，帝甚有愧色。

⑧繁丝之宝瑟：繁丝，弦音繁密。瑟，汉族拨弦乐器，形状似琴，有25根弦，弦的粗细不同，每弦瑟有一柱。按五声音阶定弦。最早的瑟有五十弦，故又称"五十弦"。《周礼乐器图》："饰以宝玉者曰宝瑟。"

也是瑟的美称。骆宾王《帝京篇》："翠幌竹帘不独映，清歌宝瑟自相依。"

⑨"磬以"句：磬，古代的打击乐器，用石、玉或金属制成，形状像曲尺，悬挂在架上，敲击而发声。云韶，泛指美妙的乐曲。云，乐舞名。韶，舜帝时的礼乐。

⑩箫：竹制管乐器，直吹，又名洞箫。天籁：指自然界极致曼妙的声音，细腻雅致，动人心弦。

⑪会心：领悟，领会。

⑫冯驩之铗：典出《战国策·齐策》。冯驩，也作冯谖、冯煖，是孟尝君的门客，但获得的是下客的待遇。为了改善待遇，他三次倚着柱子弹着自己的剑，分别唱道："长铗归来乎！食无鱼"，"长铗归来乎！出无车"，"长铗归来乎！无以为家"。孟尝君一一满足他的愿望，后来他尽心竭力，报答孟尝君。

⑬荆轲之筑：典出《史记·刺客列传》。公元前 227 年，荆轲前往秦国刺杀秦王。临行前，燕太子丹、高渐离等许多人在易水边为荆轲送行，"至易水上，既祖，取道，高渐离击筑，荆轲和而歌，为变徵之声，士皆垂泪涕泣"。后事不谐，为秦所杀。筑，古代弦乐器，形似琴，有十三弦。演奏时，左手按弦的一端，右手执竹尺击弦发音。

【译文】

能雅俗共赏的东西，莫过于音乐。琵琶弹出了昭君的感叹，箜篌演绎了白首狂夫河流溺亡之后，他的妻子的哀伤，羌笛声里，好像看得见梅花飘落，鹅笙又似乎能引得彩凤啼鸣。如果不敲起催花的羯鼓，那就打开能够拂云的素琴；如果不调响哀婉的银筝，那就弹奏弦音繁密的宝瑟。磬音能够制作美妙的乐曲，箫声则以发出的声音像是天籁而著称。所有这些无不听在耳内，而心头触动，被激发出种种感情。如今啊，冯驩的长铗一直弹到老也没有鱼奉到他的面前；荆轲的筑一击便有眼泪涌出。哪里是只因为声韵的变化，更多是听到它的人动了感情。

【评点】

音乐的作用，早在白居易的《琵琶行》就已经描述得淋漓尽致："大弦嘈嘈如急雨，小弦切切如私语。嘈嘈切切错杂弹，大珠小珠落玉盘。间关莺语花底滑，幽咽泉流冰下难。冰泉冷涩弦凝绝，凝绝不通声暂歇。别有幽愁暗恨生，此时无声胜有声。银瓶乍破水浆迸，铁骑突出刀枪鸣。曲终收拨当心画，四弦一声如裂帛。东船西舫悄无言，唯见江心秋月白。"

央视记者柴静一篇文章里写月黑风高之夜，听一个胖子吹箫：

"有人'扑'把烛火吹熄，黑着灯，只有远远一点微光，荒村野街，远处有女子鞋跟在青石板上走的声音。他起声非常低，曲调简单，几乎就只是口唇的气息，也像是远处大风的喘息。

"我一开始无感无触，只是拿围巾按着脸听着。

"就这一点曲调，循环往复，有时候要爆发出来，又狠狠地压住了，有时候急起来，在快要破的时候又沉下去，沉很久，都听不见了，又从远远的一声闷住的呜咽再起。这箫声里不是谁的命运，是千百年来的孤愤，千百年来的无奈。

"座下小儿女都掉了泪，只有野哥躲去一边角落，半坐在地上，完全隐在黑暗里。

"他吹到后半段，愤怒没有了，一腔的话已经说完，但又不能就此不说，忽然停住，他唱：'……月夜穿过回忆，想起我的爱人，生者我流浪中老去，死者你永远年轻……'"

"当夜我喝过几杯，围巾都湿透了。"柴静写。我也想有这样的一次经历，也想听到这样的箫声，也想把围巾湿透，一滴滴沉重的泪似乎只有在音乐的感染下才能够流出心里，平时泪水在心里汪得太深，心壁太高，徒然觉得胸闷，却哭不出来。音乐给挖了一道暗渠。

第九一则

清斋幽闭，时时暮雨掩梨花；冷句①忽来，字字秋风吹木叶②。

【注释】

①冷句：冷清、冷寂、冷峻的诗句。

②秋风吹木叶：语出王褒《渡河北》："秋风吹木叶，还似洞庭波。"

【译文】

冷清的房门紧闭，时时有傍晚细雨打在梨花之上；冷落的诗句忽然涌上心头，字字都是秋风吹动枯凋的枝叶。

【评点】

雨打梨花深闭门。

暮雨最难。对潇潇暮雨洒江天，好一派清愁寥廓、野云压低的景象。无人陪伴，独坐清斋，起身看着花格木窗之外，暮雨打在梨花上，白色的薄花片沐雨凋残，一朵两朵贴在地面。这次第，无愁亦能生愁，有愁愁亦更浓，真是"这次第，怎一个愁字了得"。

也不晓得是这样的情景触动，还是一时的机心晓发，冷清幽凉的句子灵光一闪，倏忽飞进脑海，哪个字读来都好像秋风吹起落叶，那份寒凉，亦教人无法消受。

人常说由景生情，情景相生，果然如此。若是艳阳高照，心情也不自觉地明朗雀跃，想歌，想舞，想笑，想奔跑跳跃；若是雾霾深重，心情也备受压抑，甚至想起沉重不堪的陈年旧事，想哭却哭不出来。人的感情与外界的景象总爱同步呼应，好像外界的一呼一吸总关情。

第九二则

良缘易合，红叶亦可为媒①；知己难投，白璧未能获主②。

【注释】

①"红叶"句：唐人传奇中有张实《流红记》：儒生于佑见御沟中漂一脱叶，拾起一看，上有题诗："流水何太急，深宫尽日闲。殷勤谢红叶，好去到人间。"因思必是宫人所作，相思成疾，也题诗红叶："曾闻叶上题红怨，叶上题诗寄阿谁。"将其丢进御沟上游，任其流入宫中。后于佑寄食于贵人韩泳门馆，韩泳将宫中放出的宫女韩夫人许与于佑为妻。婚后韩夫人在于佑箱中发现题诗的红叶，大惊，说是自己所题诗之叶。又出另一题诗红叶，上面正是于佑所题之诗。二人是红叶为媒，一时传为佳话。这个故事后来又被多种载录、演绎，流传甚广，红叶因此成为传递爱情的象征。

②"白璧"句：白璧，指和氏璧，最早见于《韩非子》《新序》等书，楚人卞和在山中得到璞，献给楚厉王，厉王派玉匠鉴别，说是石块。厉王下令砍断卞和左足。楚武王即位，卞和又献璞，玉匠仍说是石块。武王又砍断卞和的右足。楚文王即位，卞和抱璞在山中大哭。

文王令匠人把璞剖开，里边果然是一块宝玉，于是命名为和氏之璧，为传世之宝。春秋战国之际，几国征战，几经流落，最后归秦，传说由秦始皇制成玉玺。秦灭后，此玉玺归于汉刘邦。五代时，天下大乱，玉玺不知所终。

【译文】

良缘原来那么容易遇合，一片红叶就可以当媒人；可是知己如此难寻，价值连城的白璧不能找到主人。

【评点】

诗经有云："既见君子，云胡不喜？"张爱玲说："怎么那么容易就遇见了？"那么容易就遇见，就是因为有缘吧。良缘遇合，人人事事处处都给凑得上趣，哪怕一片红叶，按理说早该顺水流去，也能当一回媒人。世间哪有偶然的事、碰巧的事？好比密织的经纬，每道线的安排都有道理。

偏偏知己比姻缘更难，因姻缘不过是一男一女，情投意合；而知己却是要寻找这个世界上的另外一个自己，因为唯有自己最知最懂自己。偏偏世界上没有完全相同的两片叶子，想找到这么一个人，何其难也。当此之时，红叶也觉无力，人人事事处处都难得凑趣，于是一颗心就在暗夜孤独漂流，找不到安放的所在，好比一块白璧不晓得落在什么样的俗人手里，没有人懂自己。

第九三则

梦如蕉鹿，不拟薪者之藏①；癖似蠹鱼，专食神仙之字②。

【注释】

①"梦如"二句：典出《列子集释》卷三《周穆王篇》，讲的是郑国人在野外砍柴，看到一只受伤的鹿跑过来，就把鹿打死，担心猎人追来，就把死鹿藏在一条小沟里，顺便砍了一些蕉叶覆盖。天黑了，他想找到死鹿扛回家，可惜怎么也找不到。于是他只好放弃，就当作自己做了同样的梦罢了，他不是把真实的事当梦，便是把梦当真实的事儿。后遂以"蕉鹿"等指梦幻。

②蠹鱼：虫名，即蟫，又称衣鱼。蛀蚀书籍衣服。体小，有银白色细鳞，尾分二歧，形稍如鱼，故名。

【译文】

做梦就如同蕉叶覆鹿的典故一样，反复推演，以真为梦，以梦为真，再也不去寻思死鹿原来是被砍柴人藏起来的真相；怪癖又如同食书的蠹鱼，专门喜吃好像神仙所写那样出众的文字。

【评点】

郑国人打死一头鹿，藏在小沟里，用蕉叶盖起来。天黑了，他去找，却找不见了——他把藏鹿的地点忘了，于是就觉得自己做了一个梦而已。回家的时候，一边走一边唱山歌，歌子的内容就是他藏鹿忘鹿的梦。路旁一人听到，寻踪去找，竟然找到，扛鹿回家，对妻子说：

"刚才一个砍柴的人梦到打死一只鹿，却不知道藏鹿的地方。我现在却得到了它，那个人做的梦竟是真的呢！"

妻子却说："你大概是梦见砍柴的人打死一只鹿吧？难道真有那个砍柴的人吗？现在你真的得到了一只鹿，恐怕你做的梦是真的吧？"

再说樵夫，他回到家里，又不甘心，夜里做梦，真的梦到他藏鹿的地方，还梦见拿了他鹿的人。第二天一早就按梦索引，找到这个人。二人争讼，法官说：

"你当初得了鹿，却说是做梦；现在真的是做梦梦见了鹿，你却说是事实。他真的拿走了你的鹿，却又与你争这只鹿，而他妻子又说他是做梦认取了别人的鹿。由此可见没有谁真正得到过鹿。现在你们拥有了这只鹿，就两家平分吧。"

这个案子上报给郑国的国君，国君说："哈哈！法官大概是在做梦给别人分鹿吧？"

国君又去问国相。国相说："想要辨别是清醒还是梦幻，只有找黄帝与孔子。现在又没有黄帝与孔子，姑且按照法官的判决就行了。"

在这个故事里，每个人都深陷现实与梦幻之间无法自拔，似梦而非梦；非梦而似梦。多么像我们生活在这个人间的一个庞大的隐喻：我们生在人间，活在人间，求得人间的种种衣食富贵，这难道不是一个梦吗？梦醒处，人间又在哪里？衣食富贵又安在哉？我们又是谁？怪不得"一枕黄粱"的故事会流传久远，人生在世数十载，说不定真的是我们在另一个世界中，等着黄粱饭熟时，做的一个短暂的梦呢。

至于读书嗜字，也是爱书人的雅癖，虽是人生如梦，也不可无癖也，否则岂不是活得太无趣，梦也做得太无趣？

第九四则

可与人言无二三，鱼自知水寒水暖；不得意事常八九，春不管花落花开。

【译文】

能够和人说的话十句里面没有二三句，鱼自然体认得到水是寒凉还是温暖；不尽人意的事情十件里面有八九件，春天才不管你花是凋落还是开放。

【评点】

我以前不相信，现在相信了：人与人之间，是真的存在毫无来由的微讽与恶意的。人所乐见的，未必是他人的好事，却一定是他人的坏事；人所喜闻的也是如此。而自己想与他人说的，若是开心的事，则别人未必开心，或者表面开心，而心里却是七八分的不开心；若是不开心的事，则别人未必不开心，或者表面不开心，而心里却是七八分的开心。既是如此，则又说者何来？领略多了，就真的与人言者无二三了。人生况味，就真的是如人饮水，冷暖自知而不欲人知，于是这个世界好比鱼缸，一条条的鱼，自知水寒水暖，一天到晚不停地游。

盘点一生，再怎样出身富贵，势焰熏天，若从心讲，得意事也少，不如意事常八九。乞丐想着做皇帝的不知怎样泼天富贵，早晨吃油饼，中午吃麻花，晚上吃豆腐脑。可是做皇帝的滋味，皇帝自己知道。批

157

不完的折子，上不完的朝，还要被言官骂，还要被重臣欺负，还要被后宫争宠搞得焦头烂额。做大臣的，做言官的，做七品知县的，不做官的，种田的，扒粪的，做菜佣酒保的，只要是生在红尘、长在红尘的，谁又能常年价如意呢？春天来了就是来了，它只管依着节令，保证这热闹红尘热热闹闹便罢了，至于你小小的一朵花在万花丛中是开是落，它才管不着。

既是如此，那便随顺命运，心平气和，如鱼游水中，顺势而为；任花开落，不喜不悲。

第九五则

高鸿振远音①，天际真人之想②；潜虬媚幽姿③，竹林贤者④之风。

【注释】

①"高鸿"句：谢灵运《登池上楼》诗的第二句"飞鸿响远音"，意为高飞的鸿雁声广而远扬。

②天际真人：天上神仙。《世说新语·容止》："桓大司马曰：君莫轻道，仁祖企脚北窗下弹琵琶，故自有天际真人想。"

③潜虬媚幽姿：为谢灵运《登池上楼》的首句，意为潜游的虬龙自我怜惜美好的姿态。喻深藏不露、孤高自赏的生活。

④竹林贤者：即竹林七贤，指的是三国时期曹魏正始年间(240—249)，嵇康、阮籍、山涛、向秀；刘伶、王戎及阮咸七人，他们常在当时的山阳县竹林之下喝酒、纵歌，肆意酣畅，世称竹林七贤。

高飞的鸿雁声广而远扬，这是天上神仙心头喜好；潜游的虬龙怜惜自己美好的身姿，这是竹林七贤的行事风范。

【评点】

飞鸿远音上扬，潜龙藏身水中，二者一扬一抑，互为表里，殊可为做人之表率。若身显仕达，当造福百姓；若不能荣身显达，便当珍重芳姿，独善其身。嵇康、阮籍、山涛、向秀、刘伶、王戎及阮咸七人，胸怀冲淡，于竹林饮酒吟啸，肆意酣畅，给后人留下美好的背影。他们追求自由，不拘囿于礼法制度，不屈从于世俗理想，挣脱关锁羁绊，放纵天性，仰不愧天，俯不愧地，中间亦不愧对一个自己。这样的人，才是真的人，才能活出真风采。

第九六则

沾泥带水之累，病根在一"恋"①字；随方逐圆②之妙，便宜在一"耐"字。

【注释】

①恋：贪恋。

②随方逐圆：根据物体的形状、地形的高低等做出与之相适应的设计构造，引申为立身行事无定则。

【译文】

拖泥带水的毛病，根源在于贪恋的"恋"字；随机应变的高明，得益在于忍耐的"耐"字。

【评点】

做事拖泥带水，必定是心有所恋，恋情也好，恋物也罢，恋金钱也是有的，于是当断不断，当舍难舍，想离难离。是人必有贪恋，所以"断舍离"最难。偏偏要想得清净自在，非"断舍离"一途不可得也。又有那追求精神的人，想要"断舍离"，只因贪恋外物而做不到"断舍离"，于是时时处处陷于矛盾之中，苦处又深一层。

那么，便不急罢，还是学学水的精神。所谓"上善若水"，是因为水能够随方逐圆，随遇而安。妙处就在于一个"耐"字，若是放不下，那便提着它，耐着它，几时提得累了，耐得烦了，便可以撂开手，也便无须再拖泥带水，从此断了，舍了，离了，再不回头了。

第九七则

事到全美处，怨我者不能开指摘①之端；行到至②污处，爱我者不能施爱护之法。

【注释】

①指摘：指责，指出错误。

②至：最。

【译文】

若是把事情做到十全十美，即使怨恨我的人也不能对我指指点点；若是行为到了极端卑劣的地步，即使爱护我的人也不能施展袒护我的办法。

【评点】

做事难，就难在不能尽善尽美。打发得一方高兴，另一方便不满意；打发得另一方满意，这一方又不高兴。所以"事到全美处，怨我者不能开指摘之端"只可作为一个远大理想，却不能当成近处的目标。而且，就算事情做到十全十美，那嫉妒的人还是要鸡蛋里挑骨头，想尽办法指摘贬斥。所以，做事还是能做多好，就做多好，只凭本心就好。

做人还是要立身清正，不可自蹈泥污，倒不为求人爱护，只为问心无愧。偏偏做人又比做事更难，有因了一点见不得人的偏私和欲望而自蹈污地的，有因畏惧强权势要而被逼蹈踏污地的，有因不得已的难处而蹈了污地的，所以放眼望去，处处泥淖处处人。又有那一等一的卑劣心肠，见旁人干净，心有不甘，硬拉了人也陷入泥坑的。所以，盘点世人，真正干净洁白如同天使的几乎没有，谁的身上都或多或少有些泥污。其实，有些泥污也不怕，只要暗室自处，反躬自省，能觉羞愧，就善心不泯，还算有救。

第九八则

四海和平之福，只在随缘；一生牵惹之劳，止因好事①。

【注释】

①好事：喜欢多事。

【译文】

天下和平的幸福，就在于一切随缘；一生辛苦劳碌，只是因为喜欢多事。

【评点】

"缘，妙不可言。"

这只是"缘"的一面，另一面则是："缘，苦不堪言。"

相逢是有缘，可是既有"有缘"，则必有"无缘"；既有缘聚，必有缘散；有缘相聚，缘聚而喜，最终总会落得无缘而散，缘散而悲。有的人先于有缘之际，想到无缘之时；先于缘聚之喜，想到缘散之悲，于是于有缘之时，宁愿无缘相聚，宁避缘聚之喜，也不愿缘散之悲；也有的人只喜有缘，不愿无缘；只喜缘聚，不喜缘散。这样一来，又落入胶柱鼓瑟的窘境，好像硬扭着命运的牛角，与之抗争。天底下和命运抗争的人，有一个能活得幸福的吗？既要抗争，则要采取措施和行动，而种种措施与行动，好比石头投入水面，圈圈连连，涟漪不断，甚至波浪滔天，种种牵缠。倒真不如豁达一点，透脱一点，勘透尘缘：有缘相逢自然是好，无缘相逢也不错；缘来萍聚自然是好，缘散萍散也不错。这样一来，一颗心始终平和淡定，倒映着缘来缘散的青天白云，如一首禅诗所说：

"江天月，如镜亦如钩。如镜未现古人面，如钩不挂今人愁，水月自东流。"

自有一番光景。

第九九则

议论先辈，毕竟没学问之人；奖借①后生，定然关世道之寄②。

【注释】

①奖借：奖掖，鼓励。

②世道之寄：社会的寄托、责任。寄：寄托、寄予。

【译文】

信口雌黄、随意议论前辈的人，毕竟都没有学问；奖掖鼓励后来人，无疑是承担着社会的寄托和责任。

【评点】

有一段话是这样说的：

7岁："爸爸真了不起，什么都懂！"

14岁："好像有时候也不对……"

20岁："爸爸有点落伍了，他的理论和时代格格不入。"

25岁："'老头子'一无所知，毫无疑问，陈腐不堪。"

35岁："如果爸爸当年像我这样老练，他今天肯定是个百万富翁了。……"

45岁："我不知道是否该和'老头'商量商量，或许他能帮我出出主意……"

55 岁："真可惜，爸爸去世了，说实在话，他的看法相当高明。"

60 岁："可怜的爸爸，您简直是位无所不知的学者，遗憾的是我了解您太晚了！"

一个什么也不知道的幼童把父亲看得好比超人；随着年龄越来越大，到青春期的时候，已经对父亲没那么尊敬；到自己长大成人，早把父亲当成陈腐的老古董；等到自己逐渐迈入老年，才发现当年的父亲多么了不起。想必他的父亲也经历了这样的心理过程，他的儿子也会经历这样的心理过程。

年轻人最大的毛病就是目空一切，妄议前人，越没有学问、缺乏底蕴，越容易堕入这样的怪圈。真正有知识、有修养的人，是会尊重前人的，这不仅表现出他继承了"老吾老，以及人之老"的尊老的优良传统，而且更表现出他是尊重知识、尊重经验的。日光之下，并无新事，老人已经走过的弯路，年轻人满可以不必再去走一遍；老人已经取得的经验，也可以传授给年轻人将它发扬光大。

至于老一辈对于年轻人，也不能斜着眼睛一副瞧之不起的模样，甚至动辄像九斤老太那样，拐杖顿地恨恨地说："一代不如一代！"时代一步不停，必定日日更新，老一辈心怀慈爱，传授心得，奖掖后进，才能使美德和经验不断档、不断代，相延递续，如同花朵的时开时新。

第一百则

尘中物色①，要加于人所至忽之辈②，而鉴赏始玄③；物外交游，当勘④于心情易动之时，而根器⑤始定。

【注释】

①尘中物色：尘，尘世，人间。物色，寻找需要的人才或东西。

②至忽之辈：最容易被忽视的一类。忽，忽视。之辈，这一类的人。

③鉴赏：领略，识别。玄：精妙。

④勘：正值，合。

⑤根器：佛教语。指人的禀赋、气质。唐·李华《润州鹤林寺故径山大师碑铭》："群生根器，各个不同。"

【译文】

（关注）尘世中的事物，一定要注意到别人最容易忽略的地方，这样鉴赏能力才会达到玄妙的地步；（培养）尘世外的交往，一定要在心情易于动荡的时刻着手，这样才能让自己的禀赋、气质变得安宁静定。

【评点】

世上名山大川，去者泱泱，倒不如去小山小溪，更显幽静。黄土高原的丘壑纵横我走过，云南丽水的眼波横媚我见过，我品尝过厚厚一层红油的山城火锅，还被怒涛差点席卷下了黄浦江。所以，当我走上距离家门不过四五十华里的小山时，是有一种不屑一顾的。

这样一座名不见经传的小山，不曾被开发过，没有被赏识和宣传过。萋萋芳草掩蔽了路径。我可以任意栖止行走，打开除语言之外所有的感官，沉默中渐渐感到一种惬意和放松。耳中却又传来阵阵水声，循声寻去，恍然大悟，却原来是阵阵松涛，听来不似江水拍崖岸，却别有一种悠远和耐人寻味。而脚下踩着的，是历年积攒下来的厚厚的松针，已变得银白，好像人在孤单时心中长出的丛丛白草，荒凉而寂寞。而日光透过松林投射在地面上的影子，一如音乐，在心弦上安静地奏响。这片松林，隔断了尘世的烦嚣。周围很静，鸟声很远，一粒陈年的松果躺在这重重的白草之间，带着灰败的容颜，无边无际地沉睡着，不肯醒来。

一片绿色亮在眼前，一阵清凉扑面而来，眼睛好像被清洗过一样舒服和鲜亮。绿叶如海，红果似珠，在寂寞中生生死死，酸酸甜甜。一路走来，还看到一朵黄花，夸张放肆地伸向天空，索要着阳光和水分，有点不知害羞，有点沾沾自喜，尽管好像新潮少女脸上的粉刺一样，自己的花瓣上已经被虫子咬开一个圆圆的洞。

要走了，心里竟然对这小小的山有一种莫名的不舍。却才发现，走遍天下的脚步，却忘记了造访近处的风景。岂止山水如此，凡是世人所爱，大多人山人海，真不如去那幽静玄远不起眼被人忽略之处，更能发现美之所在。

尘世外的交往，自然是清雅出尘。可是孤独久了的人，乍见知音，必定激动万分，心情躁动。这个时候如果能够迅速定心，端凝神色，有礼有节，必定能够培养出气定神闲的气质。既有远人之心，又有远人之态，才是真正的世外之人。

第一零一则

博带褒衣①，固吾儒风度，然或长袖曳地，得毋②近于舞衫。大幅迎风，众方认为羽服。故裁置合式，大体所关。服奇志淫③，昔人所戒④。

①博带褒衣：又作"褒衣博带"，着宽袍，系阔带。指古代儒生的装束。褒、博：形容宽大。

②得毋：即得无，能不、岂不之意。

③服奇志淫：穿着奇装异服会使人丧失志向。《战国策·赵策二》："且服奇而志淫，是邹鲁无奇行也。"

④戒：劝诚。

【译文】

着宽袍、系阔带，固然是我们读书人的风度所在；可是如果长袖拖着地面，看上去不是像跳舞的衣衫一样吗？大幅的衣襟迎风招展，又被人们认为是神仙穿的羽衣。所以裁剪得体，事关体统大事。穿奇装异服的人，会使志向变得淫巧不正，这是前人所告诚于人的。

【评点】

人们通常如此，是什么身份就喜欢标榜什么身份。尤其是读书人，自命清高，穿衣打扮必定不能同于流俗。就连孔乙己穷酸至极，还要坚持穿长衫。可是坚持得过了，就有些可厌了。像这样阔阔的袍子，宽宽的衣带，像是跳舞的衣服，或是戏台子上走下来的，自认是飘飘欲仙，却不知道一门心思注重在外表上，心里的求学志向就被磨灭了。古人告诚说玩物丧志，热衷于着衣之道，也是丧志之途。

但是如今时尚已经成了一门学问，穿衣之道被提高到一个前所未有的高度，人人都讲穿衣打扮，必定要装扮得品位不俗，街拍出众，却不知道心醉此道，必定把雄心壮志消解。也有的人基于怀古之心，着汉服，摇摇摆摆，行古礼，声声唱喏，偏偏脚底下是皮鞋，内里是毛衣西裤，看上去不伦不类，不成样子。过去的必定已经过去，只从形式上复起古来，甚至像模像样地行古礼，叩拜如仪，也是让人看上去僵僵的没意思。岂独是僵僵的没意思，若是推延开去，硬要开口闭口之乎者也与之相配，又推行起"君君臣臣父父子子"那一套封建仪规，这历史岂不是要倒退？民主在哪里？又把自由、平等的精神置于何地？无数革命志士的血付之东流不说，葬送在历史长河里的幽灵也个个都要抬起头来，要博带褒衣，重登舞台。

第一零二则

文人才子之口，实多微词①；听言参论之间，当解大意。

【注释】

①微词：隐含批评和不满的话语。宋·周密《齐东野语·自序》："定哀多微词，有所辟也；牛李有异议，有所党也。爱憎一衰，论议乃公。"

【译文】

从文人才子的嘴里说出来的话，大多都含有隐晦的批评；听别人议论争辩，应当搞清楚对方想要表达的基本意思。

【评点】

文人才子是比较特殊的一个群体，眼高过顶，好发物议，且多臧否人物，针砭时政。一方面他们立足点较高，另一方面又有不平之气，且又自恃才高，所以由他们嘴里说出来的话，多含讽带刺，较少厚道的褒扬。且他们的话里真意总是裹在花里胡哨的修辞里面，很少直白浅露地表达什么，所以听他们说话，确实不能照单全收，要披沙拣金，领略他的要旨大意。

其实，岂止是文人才子，世人说话，直白浅近的少，含蓄浑厚的多，含沙射影的也不在少数，俗话说听话听音，若不会听音，往往错会其意，谬之千里。即如恋爱中男女说话，"你好坏"便不是真的"你好坏"，"不理你了"也不是真的"不理你了"。万不可过于实心眼，惹得女朋友跑掉了那就糟糕。

第一零三则

不为尘情所蔽^①，才称水镜^②之才；倘以气焰相高，终倚冰山之势^③。

【注释】

①尘情：世俗的感情。蔽：蒙蔽。

②水镜：清水和明镜。两者能清楚地反映物体，以此喻明鉴之人。苏轼《赐宰相吕公著上第二表乞致仕不许断来章批答》之二："予欲识人物之忠邪，故以卿为水镜。"

③冰山之势：冰山虽高，遇日而融，比喻不能长久的权势，难以依靠。

【译文】

不被世俗感情蒙蔽，才能被称为是清水和明镜那样的明鉴之才；

倘若因为倚仗他人的气焰而自己嚣张，最终只能演化为倚靠易融的冰山那样的形势。

【评点】

有诗云："闲来无事不从容，睡觉东窗日已红，万物静观皆自得，四时佳兴与人同。"那静观四时的人，我心下觉得不应是执纨扇的佳人，因佳人楼头赏花也必是对日照影，纤手掠鬓间身姿拿捏，始终有一个"我"的意识存在；而应当是一个随和无拘的儒士或出家人，甚或菜佣酒保，才能花里树间忘我流连，竟是花如人人也如花。

哪怕人世烦恼，若肯换个角度，那从心尖冒出来的火苗，也可以形成一个在炽热的火焰中舞蹈跃动的笑脸。心平如镜，万物现影，好比春来江水绿，枝上有桃红。

人间向来烦嚣杂乱，要成就水镜之才，就要凡事凡物于静中观想。一旦看清悟明，便知道世间事再怎样势焰张天也不必依恃，因为依恃不得，犹如冰山的遇热而融。也万不可以富贵的嘴脸骄人，这一刻金银傍身，下一刻就可能流落街头，徒增笑耳。清醒、低调、谦虚，方为立身之本，清醒是知道富贵如即逝烟花，低调是知道天外有天，谦虚是知道人外有人。如此立身，如此处世，不骄狂，不放纵，方能活成一个饱满的人，有一颗饱满如桃的心。

第一零四则

古人敦旧好①，遗簪遗履②之事，悠然可思；今日重新欢③，指天指日之盟^④，泛焉^⑤如戏。岂特愧夫乘车戴笠^⑥，亦且见笑于白犬丹鸡^⑦。

【注释】

①敦：推崇，重视。旧好：过去的情谊。

②遗簪遗履：比喻旧物或故情。唐•张说《让右丞相第二表》："臣幸沐遗簪堕履之恩，好生养志之德。"唐•罗隐《得宣州窦尚书书因投寄》诗之二："遗簪堕履应留念，门客如今只下僚。"

③新欢：新结交的朋友。

④"指天"句：指着上天和太阳来盟誓缔结的友谊。

⑤泛焉：到处都是，随处可见。

⑥乘车戴笠：晋•周处《风土记》："卿虽乘车我戴笠，后日相逢下车揖；我步行，君乘马，他日相逢君当下。"

⑦白犬丹鸡：指用来祭祀的供品。

【译文】

古代的人十分看重过去的情谊，所以会怀念丢失的簪环和鞋子，这样的事情让人十分怀念，悠然神往；现在的人十分重视结交新的朋友，指着上天和太阳来盟誓的事情到处可见，如同儿戏，不但愧对富贵不忘贫贱的义士，而且也会被他们用作结盟之用的供品的白犬和丹鸡笑话。

【评点】

在一则小故事里，有一个人去很远的人家做客，结果等他到的时候，主人正睡觉，他就坐在门口等主人出来，等着等着，他自己也睡着了。主人出来一看，客人在睡，哦，别叫醒他了，我也继续睡吧，于是他也坐在一边睡着了。结果客人醒来一看，哦，主人来迎接我，又睡着了，那我也继续睡吧。就这么，一天过去了，天黑了，客人也就回家了。主人和客人之间，就被一种淡然、随性的友情萦绕。这就是古人的慢生活的诗意所在。

在这样的慢生活里，那些陪伴着自己慢慢变老的簪环衣履，就和老朋友一样，让人依恋，它们在会心安，它们不在会怀念。物尚如此，人更其甚。朋友一交就是一辈子，友情蒙上了光阴的外皮，格外醇厚有滋味。

可是再看我们，有多久没有侧耳倾听过鸟声、蝉声、虫声、雪声、棋声、箫声、水声、橹声、风声、雨声了？之所以没有听，是因为我们步调不肯慢，心态不肯闲；所以饮食是"快餐"、娱乐是"快餐"、阅读是"快餐"、感情是"快餐"、相亲是"快餐"、结婚是"快餐"，友谊嘛，也是"快餐"：快快结识，快快熟悉，快快结拜，快快利用，利用完毕快快 OK……

想想真是可笑可悲。

第一零五则

甑中生尘釜生鱼[1]，千载之下，不悲其穷而扬其清。故知澹泊之乡，芳洁所托。丑穷之士，后之声名，可知也。

【注释】

①"甑中"句：甑里积了灰尘，锅里有蠹鱼。甑，汉族古代的蒸食用具。鱼，这里指蠹鱼，而非游鱼。形容家贫困顿断炊已久。出自《后

汉书·独行传·范冉》："所止单陋，有时绝粒，穷居自若，言貌无改。闾里歌之曰：甑中生尘范史云，釜中生鱼范莱芜。"

【译文】

范冉家的饭甑里积了尘灰，锅里生了蠹鱼。千年以来，人们不悲叹他的穷苦生活，而宣扬他清廉的名声。由此可知，淡泊的日子才能够培养美好干净的情操。目前贫寒的人，日后却会有美好的名声流传后世。

【评点】

说实话，贫穷没什么好歌颂的，若有可能，我愿人人衣食丰足，仓廪充实；但这个世界目前还不是大同，贫穷仍旧存在。那么，面对贫穷，真正值得歌颂的，是身陷贫穷的人们的情操和气节。

符凡迪是一个我不认识的人。我只是偶然看过他的一个视频，参加一个电视台举办的唱歌选秀大赛。他吸引我的是他的职业，大屏幕上打出来的是"拾荒者"。他1992年从老家出来到深圳打工，同学给了他50块钱，坐大巴就花了35块。结果这里用工只招本地人；偶尔有招外地人的，又需要交押金。他从此走上拾荒之路，偶尔做做清洁工、洗碗工。

现在的他，就是一个四十多岁的，不名一文的，没有房、没有车、没有家、没有妻、没有子、没有劳保和三险一金、没有救济，什么都没有的，老光棍。

可是他唱《朋友别哭》："有没有一扇窗，能让你不绝望。看一看花花世界，原来像梦一场。……朋友别哭，我依然是你心灵的归宿；朋友别哭，要相信自己的路。红尘中有太多茫然痴心的追逐，你的苦我也有感触。"

他还在安慰别人。

观众起立，鼓掌，评委热泪盈眶。他说谢谢，谢谢，谢谢，我做梦也想不到会登上这么……好的舞台。这个"好"字，他有点迟疑，后来加重了语气，在他的世界里，这就是天堂。这样的声光电舞，这样的五色斑斓，这样的让他梦寐以求而又求之不得。真好啊，真好。

所以，谢谢舞台，谢谢观众，谢谢主持，谢谢评委。

他一直在感恩，心里没有怨恨。他没有说我怎么会有这样的父母，怎么生在这样贫穷的家庭；也没有说我怎么会落到这样的境地，这是一个怎样狗屁不通的社会。

那个美女评委说："谢谢你，我本来已经对这个舞台习以为常，是你让我找到了对这个舞台、这个世界的敬畏之心。"

是的，该说谢谢的是我们。因为我们知道感恩，却不感恩；知道敬畏，却无敬畏；知道顺从，却不肯顺从。我们不肯不抱怨，不肯不嚷骂，不肯不愤怒，不肯不钻营。

可是，哪怕常年心里雾霾深重，也瞥见了一线天空，青色的苍穹上镶着一双宁定、安慰的眼神。这样的人，心性淡泊，品行芳洁，不学他们，我们学谁？

第一零六则

市骏台高①，黄金不悬天上。但非千里龙骧②，未许忽腾声价。奈何欲策驽骀③，而侥幸空群④之顾乎？

①市骏台高：亦作金台市骏，犹言千金市骨。指不惜以高价买养骏马，比喻延揽贤才十分诚恳。语出《战国策·燕策一》所载燕昭王筑黄金台招贤的故事。燕昭王"卑身厚币以招贤者"，郭隗就给他讲了一个用五百金买了副千里马的骨架，使得一年之内得到多匹千里马的故事。也作"千金买骏骨"。

②龙骧：骏马，喻良才之人。杜牧《题安崇西平王宅太尉愬院六韵》："半夜龙骧去，中原虎穴空。"

③驽骀：指劣马，喻才能低劣者。

④空群：即群空冀北。比喻有才能的人遇到知己而得到提拔。典出韩愈《送温处士赴河阳军序》："伯乐一过冀北之野，而马群遂空。"

【译文】

花费千金购买骏马，搭筑高台招引贤才，虽然说黄金不是只在天上有的稀缺之物，可是如果不是千里神骏，也做不到忽然有如此之高的身价。（明明是这个道理，）让人拿那些明明驾驭着劣马，却怀着被人慧眼提拔的空想的人怎么办呢？

【评点】

人人都想遇到伯乐，可是自己先得要是千里马。问题是我们大多缺乏自知之明，不是自谦太过，而是太过自傲，觉得自己就是天上有一，地上无双的大英雄、大好汉、大智者、大能人。一旦不被赏识，就生出怀才不遇之感，不能淡定生活，反而牢骚满腹。毛泽东曾经说过"牢骚太盛防肠断，风物长宜放眼量"。若果然能够眼光放得长远，情怀放得淡然，千里马气象就会渐显。退一万步讲，纵使不是千里马，那又怎样？做一个普通人又有什么不好？脚踏实地的柴米油盐总好过不切实际的好高骛远。

第一零七则

贫富之交，可以情谅，鲍子所以让金^①；贵贱之间，易以势移，管宁所以割席^②。

【注释】

①"鲍子"句：鲍子，春秋时期齐国人鲍叔牙。典见《史记·管晏列传》"管仲曰：'吾始困时，尝与鲍叔贾，分财利多自与，鲍叔不以我为贪，知我贫也。吾尝为鲍叔谋事，而更穷困，鲍叔不以我为愚，知时有利不利也。吾尝三仕三见逐于君，鲍叔不以我为不肖，知我不遭时也。吾尝三战三走，鲍叔不以我为怯，知我有老母也。公子纠败，召忽死之，吾幽囚受辱，鲍叔不以我为无耻，知我不羞小节而耻功名不显于天下也。生我者父母，知我者鲍子也。'"鲍子让金即成语"管鲍分金"，比喻二人虽一贫一富，但是做朋友能够从情理出发，加以体谅。

②"管宁"句：管宁割席，典见《世说新语·德行》："管宁、华歆尝同席读书，有乘轩冕过门者，宁读如故，歆废书出看。宁割席分座，曰：'子非吾友也。'"比喻二人志趣不同，不再做朋友。

【译文】

贫穷的人和富贵的人交往，可以从情感上相互体谅，因此鲍叔牙和管仲一起做生意的时候，富有的鲍叔牙愿意让贫穷的管仲多分些财物。高贵的人和低贱的人交往，双方关系容易因为地位变化而变化，所以管宁和华歆做朋友，因为华歆恋慕权贵，管宁和他割席绝交。

【评点】

贫穷的人和富有的人之间，只要两颗心走得近，是可以有真友谊的，只是涉及财利分争，也许需要富有的人看得宽一些，胸怀广一些，毕竟贫穷的人更需要金钱襄助。但是地位高的人和地位低的人之间交往，却难保能够长期有效，因为一朝得着富贵，极容易把贫贱之时的好友撂在脑后，甚至以此为耻。《史记·陈涉世家》载陈涉为王，曾经和他一同给人扛长工的穷朋友去找他，直通通地敲打宫门说："我要见陈涉。"守宫门的人不让见，等陈涉出来，他就拦道呼喊陈涉的名字。陈涉此番早已今非昔比，勉强召见他，和他同车而归，结果他还不识趣，进得宫来，见着华丽的殿屋帷帐，大呼小叫："哎呀呀，老伙计，你当了王，这么阔气呀！"不但如此，还这儿走走那儿看看，东说西说，胡说八说，诉说当年和陈涉的旧情，结果陈涉不耐烦，把他给杀了。这就是时位移人。管宁见华歆慕富贵，而自己是自甘清贫的，知道和华歆不是一路人，所以割席断交，也是明智之举。事情证明，管宁是对的，他一生淡泊，宁静致远，多次辞官；而华歆却一路做到了曹魏的丞相。

第一零八则

物色有先机，曾报染衣之柳汁^①；文章有定数^②，豫传照镜之芙蓉^③。

【注释】

①染衣之柳汁：事见《太平广记》卷第一八〇。唐朝元和年间的李固言性格敦厚，未及第前尝从一古柳下行走，忽闻柳树内有弹指声，李固言大惊，急问是什么。里面应道："吾为柳神九烈君，已用柳汁染了你的衣服。如果你果得蓝袍，当以枣糕来祭祀我。"李固言依言照办，不久就状元及第。

②定数：气数，命运。

③照镜之芙蓉：用的是芙蓉镜的典故。唐·段成式《酉阳杂俎续集·支诺皋中》："相国李公固言，元和六年下第游蜀，遇一老姥，言：'郎君明年芙蓉镜下及第，后二纪拜相，当镇蜀土，某此时不复见郎君出将之荣也。'明年，果然状元及第，诗赋题有《人镜芙蓉》之目。后二十年，李公登庸。"后人以"芙蓉镜"为预兆科举得中的典故。

【译文】

景色事物中有可窥未来的先机，所以才会有柳树神曾教李固言用柳汁染衣，后来他果然考中了状元的故事；文章也有它自己的气数和命运，所以才会有李固言所说的一老姥对他预言"明年芙蓉镜下及第"

的故事。

【评点】

《南史本传》载，南朝文士纪少瑜少时平庸，却刻苦用功，苦心感动文神。一晚梦见当时著名文人陆陲以一束青镂管笔相赠，梦醒果见枕边一支毛笔，从此文章华彩斑斓，一发不可收。

又有传说，唐朝大诗人李白夜梦仙山，云海之中一支巨大的毛笔如同擎天玉柱，他心中艳羡，想以其写遍天下美景，不想毛笔绽放五色光芒，笔尖开花，向他飘来。他倏然惊醒，原来是梦。从此名篇佳作层出不穷，流芳后世，传之久远。

漫说人的气运和文运有定数，就是文字本身，也自有它的命运。

逛书店，买了一本书：《百年老课文》，封面很喜欢，不是流行的花红柳绿，而是黄黄旧旧，麻纸一样，宛如逝去的老时光。翻开内容，才发现"老课文"原来真的是很老了，老到让人诧异：何以要选这样的文章来当课文呢？

朱自清先生的文章历来在课文中必不可少，从《春》《绿》到《荷塘月色》《背影》，写景有其妙，写情达其深，该朴实处朴实，当清丽时清丽，但何以这些文章都不选，偏偏要选这两篇——《扬州的夏日》与《初到清华记》？这两篇文章文笔都直白得让人遗憾，琐碎如流水账，这里那里都可增可添，此处彼处又似乎可删可减。假如不注出处，不写作者，单单拿出两篇文字混同在文字的汪洋大海里，恐怕没有哪个愿意多瞧上两眼。"好演员人捧戏，差演员戏捧人"，看来文章之事也是这个道理，有时人以文贵，有时文以人贵。

大约朱自清一代文人所处的时代，新文化刚刚兴起，擅长写新式文章的人不多，所以偶出一个，就光华灿烂。一篇文章假如诞生在新式文字少到可怜的时代，就会逗引起许多人的兴趣和关心。假如诞生在我们这个文字极尽奇炫华丽的时代，恐怕听不到一个响声儿，就没了。

明白了这一点，或许心底的不平之气会少一些。豁达安然，随分从时。

第一零九则

铄金之口①，策善火攻。不知入火不焦者，有火浣之布②；溃川之手，势惯波及，不知入水不濡③者，有利水之犀④。

【注释】

①铄金之口：即众口铄金，亦作"众口销金"。意指众人的言论能够熔化金属，比喻舆论影响的强大，众口同声可以颠倒黑白，混淆视听。

②火浣之布：火浣布，即石棉布。《列子·汤问》："火浣之布，浣之必投于火。"

③濡：湿，沾湿。

④利水之犀：利水犀，传说中的神兽。晋·顾微《广州记》："平定县巨海，有水犀，似牛，其出入有光，水为之开。"

【译文】

众人诬陷诋毁，嘴巴能够销蚀金石，他们的特点就是善用火攻，却不知道世上有火浣布入火不焦；众人扒毁堤岸，双手能够使河川横流，常用的法则是使用水攻，波及旁人，却不知道有利水犀能够入水不湿。

【评点】

《战国策·魏策二》记载了一个故事，说的是魏国大臣庞葱，将要陪魏太子到赵国去当人质，临行前对魏王说："现在有一个人来说街市上出现了老虎，大王可相信吗？"

魏王道："我不相信。"

庞葱说："如果有第二个人说街市上出现了老虎，大王可相信吗？"

魏王道："我有些将信将疑了。"

庞葱又说："如果有第三个人说街市上出现了老虎，大王相信吗？"

魏王道："我当然会相信。"

庞葱就说："街市上不会有老虎，这是很明显的事，可是经过三个人一说，好像真的有了老虎了。现在赵国国都邯郸离魏国国都大梁，比这里的街市远了许多，议论我的人又不止三个。希望大王明察才好。"

魏王道："一切我自己知道。"

于是庞葱辞言，而谗言随后便至。这个故事的结局是：庞葱陪太子回国，魏王再也没有召见他。显然，果然是三人言而成虎。

现在的孩子们也经常会听到一个咕咚的故事：早晨，湖边，三只小兔快活地扑蝴蝶。忽然湖中传来"咕咚"一声，把小兔们吓了一大跳。刚想去看个究竟，又听到"咕咚"一声，小兔们吓坏了："快跑，咕咚来了，快逃呀！"它们转身就跑。狐狸一听"咕咚来了"，也跟着就跑。小熊和小猴也跟着它们跑起来。大象问："出了什么事？"狐狸气喘吁吁地说："咕咚来了，那是个三个脑袋、八条腿的怪物……"大象也跟着撒腿就跑，还有河马、老虎、野猪……湖中的青蛙拦住这群动物，问它们怎么了，大家七嘴八舌，都说"咕咚"来了，是个大怪物。青蛙问它们谁见到咕咚了，结果又都说不清楚，于是决定回去看看情形。刚回到湖边，就听见"咕咚"一声，原来是木瓜掉进水里了。这就是咕咚呀！

所以说，舌头是软的，却可以利过刀剑，昔日著名影星阮玲玉不堪流言而自杀，遗书就有四个字"人言可畏"。人生于世，被诬陷而无从剖白的情形真是多如天上繁星、牛身上的细毛，令人心生痛恨，郁闷难当。

当此之时，我们就需要向前贤学习。

日本有一位白隐禅师，深受百姓敬仰。他所在的寺院附近住着一户人家，家里有一个女儿未婚而孕，父母逼问奸夫是谁，女儿说是白隐。父母找白隐算账，痛骂他，他只说了一句："哦，就是这样吗？"

孩子出生后，女孩的父母又将孩子送给白隐。白隐为给孩子求奶，到处受尽冷眼与羞辱。渐渐地，孩子长大了，孩子的母亲经受不住良心谴责，向父母坦承说当初撒了谎，孩子的父亲不是白隐。

她的父母带她来寺院向白隐道歉，并接回孩子。白隐也只说了一句话："哦，就是这样吗？"

白隐禅师莫名蒙冤，不急不怒，反而一身担当；莫名洗白，不喜不惊，仍旧处之淡然。他知道人性的软弱和卑劣，并对此有充分的认识和理解。这样的心态，还能让他的心蒙受什么样的伤害呢？他真的是像火浣之布，入火不焚；像利水之犀，入水不湿了。

第一一零则

卖赋之金多不为贪，连城之璧①售不为炫。盖千金可卖一字，而一字关人荣辱，即千金不能酬；十五城可换一璧，而一璧系国重轻，即十五城不能抵。

【注释】

①连城之璧：典出《史记·廉颇蔺相如列传》："赵惠文王时，得楚和氏璧。秦昭王闻之，使人遗赵王书，原以十五城请易璧。"

【译文】

司马相如卖给皇后陈阿娇的赋虽然价格很高，但不表示他贪婪；价值连城的和氏璧售卖十五座城池不是为的炫耀。因为一字能卖千金，而这一个字就可以事关人的荣辱，就算是千金也不能抵偿它的价值；十五城可以换一块璧，而这一块璧可事关一个国家身价的轻重，即使是十五座城池也不能抵偿它的价值。

【评点】

一篇赋，若合人需要，则价昂，若无人问津，则徒然洋洋洒洒千万字，即一金一银一铜钱亦不可得也；一块玉璧，以十五城而易，未必是这块璧珍贵到如此地步，却是可以以它衡量一国国力之轻重，事关万姓尊严。若推广到人，则不必问穷通蹇达，努力过后，且看际遇。

第一一一则

众醉独醒①，固是自高②，而十锦一褐③，必为众厉④。不观之饮狂泉者乎？举国之人皆狂，国王纵穿井以饮，不能无恙也。⑤噫！吾深为振俗超类⑥者危也。

【注释】

①众醉独醒：比喻众人沉迷糊涂，独自保持清醒。语出屈原《渔父》："屈原曰：'举世皆浊而我独清，众人皆醉而我独醒，是以见放。'"

②自高：自视甚高，自觉清高。

③锦：锦衣，色彩华美的衣服。褐：粗布衣服。

④厉：嫉恨。

⑤"不观"句：典出《宋书袁粲传》："昔有一国，国中一水，号曰'狂泉'。国人饮此水，无不狂；唯国君穿井而汲，独得无恙。国人既并狂，反谓国主之不狂为狂。于是聚谋，共执国主，疗其狂疾，火艾针药，莫不毕具。国主不任其苦，于是到所，酌水饮之，饮毕便狂。君臣大小，其狂若一，众乃欢然。"

⑥振俗超类：振拔风俗，超出同类。

【译文】

"众人皆醉我独醒"，固然是自视清高；而在众人都穿华美的锦衣的时候，自己却只穿粗布衣，必然会被众人嫉恨。没见那饮狂泉的故事吗？全国的人都（喝狂泉之水）成狂，国王就算另凿井取水，也不能免于发狂的结局。唉，我深切地为振拔风俗、超越同类的人感到担忧啊。

【评点】

屈原是战国时楚大夫，性格耿直，因政见不同而在朝堂遭排挤，被楚王流放，却忠心不渝。楚被秦灭后，怀石投汨罗江而死。

司马迁的《史记·屈原列传》中记载了一段很动人的文字：

"屈原至于江滨，被发行吟泽畔。颜色憔悴，形容枯槁。渔父见而问之曰：'子非三闾大夫欤？何故而至此？'屈原曰：'举世混浊而我独清，众人皆醉而我独醒，是以见放。'渔父曰：'夫圣人者，不凝滞于物，而能与世推移。举世混浊，何不随其流而扬其波？众人皆醉，何不餔其糟而啜其醨？何故怀瑾握瑜而自令见放为？'屈原曰：'吾闻之，新沐者必弹冠，新浴者必振衣，人又谁能以身之察察，受物之汶汶者乎！宁赴常流而葬乎江鱼腹中耳，又安能以皓皓之白而蒙世俗之温蠖乎！'乃作《怀沙》之赋。于是怀石遂自沉汨罗以死。"

在这个片段里，屈原和渔父代表着两种人生态度：屈原清醒而决裂，眼里不揉沙子，所以不被世俗所容；渔父则同流合污，所以混同众人。说实话，这两种态度各有其弊端：屈原的态度使他自己被排挤到间不容发的地步，不得不远离人群，最终郁愤而死；渔父的态度则泯灭了他做人的原则和个性，虽然得以寿享天年，却同活死人无异。所以，为人处世，还是当坚守原则的同时，抱持一种中庸态度为好：既对世界和人群以及自我有清醒的认知，又能够随顺流俗，和光同尘，以减少和世人的摩擦。这样既保持了自我的独立性，又能够生存得不那么艰难。为什么一定要高姿态地振俗超类呢？

曾经有一个叫邱启明的从央视离职，在接受《南方人物周刊》专访时，他说央视给了自己名和利，所以要摸着良心回报一些正的东西。他认为自己是一个有社会担当的人，但面对体制不能硬碰硬，只能匍匐前进。"匍匐前进"，这四个字用得好。邱启明推崇白岩松和柴静——他们也都是央视记者。他说：他们是有智慧的人，匍匐着，迂回着做成了很多事情。相比之下，他是有些冲动了，不过，冲动总比不做要好。白岩松则就邱启明离职央视这件事说："启明可以学学岩松老大哥，去年我多次被辞职被自杀，最后我都'厚着脸皮'，既没辞职也没自杀。守土有责，我们做的事情有比恩怨情感更大的目标。"

好一个守土有责。

因为守土有责，所以哪怕只能匍匐，也要前进。正因为守土有责，所以只要能够前进，哪怕匍匐也行。

第一一二则

客问："残春何如初秋？"余曰："春残秾华①方谢，初秋凄其乍来②，情景俱有淡致。第③秋来转寂转清，而春后忽生烦热，境自异也。安得四时皆秋，答我萧疏④之怀，澹彼繁华之兴？"

【注释】

①秾华：语出《诗·召南·何彼秾矣》："何彼秾矣，唐棣之华。"指繁盛艳丽的花朵。蜀·韦庄《叹落华》诗："飘红堕白堪惆怅，少别秾华又隔年。"

②凄其乍来：凄冷、凄凉刚刚到来。其，语气词。

③第：但是，只是。

④萧疏：寂寞淡泊，荒芜萧条。

【译文】

客人问我："暮春和初秋相比，怎么样？"我答道："暮春之时，繁盛艳丽的花朵刚刚凋谢；初秋之际，凄凉冷落的气氛刚刚到来，情景都有雅淡的韵致。但是秋天到来后，气氛愈来愈淡定清雅，而春天过后，烦躁闷热霎时到来，境况自有不同。哪里能够有四季都是秋天，来应和我寂寞淡泊的情怀，而让那一味追求繁华的兴头冲淡下来呢？"

【评点】

秋天，总给人花容惨淡的印象。匝地繁霜，连天白草，空气里是简约的傲慢和清冷的拒绝。

这个时候，花是开不得的。再怎样美丽的开放，都是热闹而又尴尬。我看见多年以前的一朵深红的玫瑰，孤弱地颤动在寒冷的秋风中。我还闻见最后一季的美人蕉狂野绽放时的猩红的喜气。但是所有关注的目光都已转向别处，所有的期盼都已指向来年的春暖花开。所以，等待自己的，也只有一个让满树心情沉沉萎地的结局。

其实，秋也如人，有面貌，有脾气，有性格，还有颜色和情绪，以及境遇。只是一人眼中一样秋，各人眼中秋不同而已。所以前人才会有夜读书的欧阳子的《秋声赋》："秋之为状也，其色惨淡，烟霏云敛；其容清明，天高日晶；其气慄烈，砭人肌骨；其意萧条，山川寂寥。方其为声也，凄凄切切，呼号愤发。"萧凉肃杀，咄咄逼人，有金石之气。后人又有峻青的《秋色赋》，果实饱满鲜艳，农人喜地欢天，一派温乐祥和的安居乐业之境。

知秋之人的最高境界，不应是"一年老一年，一日没一日，一秋又一秋，一辈催一辈，一聚一离别，一喜一伤悲。一榻一身卧，一生一梦里"的悲哀和虚无，而应当是"一帆一桨一小舟，一翁一竿一钓钩，一仰一俯一顿笑，一江明月一江秋"的豁达和"回首向来萧瑟处，也无风雨也无晴"的淡然。

第一一三则

名世之语，政①不在多；惊人之句，流声甚远。譬如"枫落吴江冷"②，千秋之赏，不过五字。作者何不练侈口无尽③之平常，而钟一二有限之奇论？犹之大海起一朝之蜃气，平山削十丈之芙蓉，山水之灵，便足骇目④。

【注释】

①政：同"正"，正好，确实。

②枫落吴江冷：唐朝诗人崔信明的诗句。

③侈口无尽：指喋喋不休，没完没了。

④骇目：使人看了吃惊。唐·郑处诲《明皇杂录》卷下："时河内郡守，令乐工数百人于车上，皆衣以锦绣，伏厢之牛，蒙以虎皮，及为犀象形状，观者骇目。"

【译文】

传世的经典名言，确实不在于数量的多寡；惊人的语句能流布得很远。譬如"枫落吴江冷"，千秋激赏，也不过五个字而已。创作诗文的人为什么不锤炼平庸冗长、拉不断扯不断的文字，而专注于篇幅短小的精辟妙论呢？就好比大海上闪现出的一霎时的海市蜃楼，山上峭壁天然生成的十丈莲峰，山水的灵秀神奇足以使人惊心骇目。

【评点】

经典名言没有长的，太长的不好记；而且一旦文句长了，意思裹挟在冗长的文句里面，就好像一滴墨水被稀释得云雾缥缈，团不起来。所以谢灵运无数诗，唯以十字传扬："池塘生春草，园柳变鸣禽。"另外诗人才子所炼佳句朗朗上口而整篇不复为人所记者，还有甚多，比如"山雨欲来风满楼"，比如"红杏枝头春意闹"，比如"雨中黄叶树，灯下白头人"，比如"满城风雨近重阳"，比如"山重水复疑无路，柳暗花明又一村"……

第一一四则

取才者，但知望气①，未经相骨②，故其人多失之浮。《尸子》③曰："虎豹之驹虽未成文④，已有食牛之气。"误人法眼，此言作俑⑤。

【注释】

①望气：古代方士的一种占候术，观察云气以预测吉凶。此处是指望个人绽露出来的气，以定其人才之高下，命之吉凶。

②相骨：相术之一种，以人的骨相来推测人的吉凶祸福。

③《尸子》：先秦杂家著作。尸子名佼，鲁国人。《尸子》一书早佚，后由唐朝魏徵、清朝惠栋、汪继培等辑成。《汉书·艺文志》录《尸子》二十篇。

④文：通"纹"，此处指虎豹身上的斑纹。

⑤作俑：古代制造陪葬用的偶像。后指创始，首开先例。多用于贬义，

人们用"作俑"比喻首开恶例的人。

【译文】

选拔人才的人只知道望气，却没有相骨，所以选拔的人才大多失之浮夸肤浅。《尸子》说："虎豹的幼崽就算还没有生出成年虎豹身上的斑纹，也已经有了能够吞食壮牛的气象。"影响人们观察力的始作俑者，就是这句话。

【评点】

望气术是古人的一门相术，先秦典籍中有望气的记载。《左传》记载："哀公六年，天上有云如众赤鸟，夹日以飞三日。"《史记》上载项羽的谋士范增说刘邦："吾令人望其气，皆为龙虎，成五彩，此天子气也。"

明初刘基精通望气术，曾泛舟于西湖，望五色云现于斗、牛间，说："此帝王之兆也，异日吾当辅之。"明代又有精通望气之士，万历年间游历辽东，回来后对人说："吾观王气在辽东。"明清以后，望气术渐失，今不传。

相骨也是相术之一种，甚至有诗云："贵人骨节细圆长，骨上无筋肉又香；君骨肖臣相应辅，不愁无位食天仓；骨粗岂得丰衣食，禄位因无且莫求；龙虎不须相克陷，筋缠骨上贱堪忧……"

不过，将命运寄托在气与骨上，总是口说无凭。倒不如看一个人的脾气秉性，倒比望气和相骨更精准。脾气柔和的人少横祸，秉性宽厚的人多福泽。

第一一五则

唐伯虎①云："满腹有文难骂鬼，措身无地反忧天。"②英雄无己之怀③，言言哽咽。昔谓悲歌可以当泣，此则读之堪泣不堪歌耳。

【注释】

①唐伯虎：(1470—1523)，明代画家，文学家。名寅，字子畏、伯虎，号六如居士、桃花庵主。善画山水、人物、花鸟，亦工书法，取法赵孟頫，书风奇峭俊秀。

②"满腹"二句：见唐伯虎《漫兴之五》，全诗如下："落魄迂疏自可怜，棋为日月酒为年。苏秦抖颊犹存舌，赵壹探事囊没钱。满腹有文难骂鬼，措身无地反忧天。多愁多感多伤寿，且酌深怀看月圆。"

③无己之怀：丝毫不为自己考虑的情怀。

【译文】

唐伯虎说："满腹有文难骂鬼，措身无地反忧天。"英雄心中无己的无私情怀，令人读来哽咽。过去人说悲哀的歌子可以当作哭泣，这句话读起来令人哭泣而不能歌咏。

【评点】

人性的黑暗、险恶，难画难描，所以鲁迅先生才会说："我向来是不惮以最坏的恶意来推测中国人的。"《红楼梦》里，贾赦看中了鸳鸯，要她做妾，命鸳鸯的哥嫂说媒，被鸳鸯哭着骂了回去，因为她实在是看透了世情的凉薄："怪道成日家羡慕人家女儿做了小老婆，一家子都仗着他横行霸道的，一家子都成了小老婆了！看的眼热了，也把我送到火坑里去．我若得脸呢，你们在外头横行霸道，自己就封自己是舅爷了。我若不得脸败了时，你们把王八脖子一缩，生死由我。"这话说得多么寒凉。又岂独是中国人呢，人性是没有国界的，有高尚存在的地方，就有脏污与卑劣；有纯善存在的地方，就有复杂与险恶。

　　唐伯虎看似一介狂生，作诗也带着许多的狂态，所谓"桃花坞里桃花庵，桃花庵下桃花仙。……但愿老死花酒间，不愿鞠躬车马前。……若将花酒比车马，彼何碌碌我何闲。别人笑我太疯癫，我笑他人看不穿。不见五陵豪杰墓，无花无酒锄作田。"可是他这样隐而诗酒癫狂，却是因为对人性彻底看透，彻底失望，所以这句"满腹有文难骂鬼，措身无地反忧天"实在是惊天动地的忧世伤生之语，真如作者所说，不是长歌当哭，而是歌亦歌不起来，只能痛哭一场。而作者对唐寅的话如此理解，岂不是也因为他对人世人心人性的认知，也让自己悲凉到措身无地吗？千载以下，二人知音。

第一一六则

　　《幽明录》①：贾弼②见人曰："爱君美貌，欲易君头。"许之。后能为半面笑，半面啼。尝读而异之③。曰："怪哉！鬼之能易人头也。"自今观之，似人之自为易也，于鬼何异与？夫天下岂少美如冠玉④者，忽为啼，忽为啼中之笑，忽为笑中之啼。半面之中，笑啼并举。本来面目，顷刻屡更。宁有此多端之鬼，尽人而易之，随时而弄之耶？吾且疑贾弼之见人自托也。

【注释】

①《幽明录》：志怪小说集，与《搜神记》同为志怪小说的代表作。南朝宋·刘义庆辑撰。原书久已失传，鲁迅《古小说钩沉》辑集佚文260多条。

②贾弼：即贾弼之，谱学的创始人，东晋安帝义熙年间任琅琊参军。

③异之：以之为异，对这件事很惊异。

④美如冠玉：美如冠玉，成语，典故名，典出《史记》卷五十六《陈丞相世家》。本喻汉陈平仪容美好，后用以喻男性的美貌。

【译文】

《幽明录》里记载，贾弼梦见一个人对他说："我爱慕您的美貌，想和您把头换了。"他在梦里就答应了。从此以后，他就能做出半边脸笑、半边脸哭的表情。我读到这段文字的时候，曾经很惊奇，叹息说："真是怪事啊！鬼竟然还能和人换头。"现在看来，像这样的做法，人就能够轻而易举做到，和鬼有什么关系？天下还少美男子吗，（他们）一会儿哭，一会儿又哭中带笑，一会儿又笑中带哭。半张脸上，哭笑并存，本来面目刹那间频频变换。哪里有这种多事不怕麻烦的鬼，把所有的人的头都换掉，又随时随地地玩弄人脸上的表情呢？

我怀疑贾弼之换头是假托于鬼的话。

【评点】

世人机巧，何用鬼来换头。君不见一人势盛时，众人趋附，只恨爹娘没有多给两只传情达意的眼，可以传达更多的仰慕；没有多给两条听使唤的腿，可以为他殷勤奔忙不休。这人一旦势败，众人四散尚且不说，更有那当初笑脸霭时变恶脸，当初笑眼霭时竖成凶眼，当时奔忙的腿如今踩踏上来，也只恨爹娘没有多生两只脚，可以踩得更用力些。

且看老舍先生在《四世同堂》里，是怎样描绘这种活鬼世相的：祁家老二祁瑞丰当上教育局庶务科的科长，携太太来到冠晓荷府上，名为向升为所长的大赤包道喜，实则报自己的喜讯：

"什么？"大赤包立起来，把戴着两个金箍子的大手伸出去："你倒来给我道喜？祁科长！真有你的！你一声不出，真沉得住气！"说着，她用力和瑞丰握手，把他的手指握得生疼。"张顺！"她放开手，喊男仆，"拿英国府来的白兰地！"然后对大家说，"我们喝一杯酒，给祁科长，和科长太太，道喜！"

到祁瑞丰丢了科长一职，甚至失了业，他太太回了娘家，把他赶了出来。她的最后的训令是："你找到了官儿再回来；找不到，别再见我！我是科长太太，不是光杆儿祁瑞丰的老婆！"他到了冠晓荷的家，平时他和冠晓荷都以兄弟相称，如今却是情形大不同于以往："冠家的人都在家，可是每个人的脸上都像挂着一层冰。晓荷极平淡地招呼了他一声，大赤包和招弟连看也没看他一眼。他以为冠家又在吵架拌嘴，所以搭讪着坐下了。坐了两三分钟，没有人开腔。他们并没有吵架拌嘴，而是不肯搭理他。"

看。真丑恶。

这就是人间。不过倒也不必愤世嫉俗，也不必标榜自己多么高风亮节，只要烈焰烹油我不烹，鲜花着锦我不着，墙倒人推我不推，也就罢了。

第一一七则

征之内典^①，鹫头作岭^②，鸡足名山^③，孔雀为经^④，鹦鹉语偈^⑤。字中疑鹤^⑥，珠里认鹅，一切鸟禽皆具佛性。故放生^⑦说法，洞彻佛法真如^⑧。惜福清修，属第二义。

【注释】

①征：索取，寻求，查找。内典：佛教徒对佛经的称谓。《颜氏家训》："内典初门，设五种禁。"

②鹫头作岭：指灵鹫山，又称鹫山、鹫岭。此山在古印度摩揭陀国王舍城东北。山中多鹫，或言山顶似鹫，故名。据传释迦牟尼曾在山中居住、说法多年，因代称佛地。

③鸡足名山：即鸡足山，位于云南宾川。佛教名山，相传为迦叶道场。清·高明映《鸡足山志》："云南鸡足山，襟带四县（大理、邓川、宾川、永北），形同鸡足，天姥雄峻幽深，久已名闻海内外。"

④孔雀为经：即佛家《孔雀明王经》，三卷，唐朝不空译。全名《佛母大金耀孔雀明王经》，又称《佛母大孔雀明王经》，收在《大正藏》第十九册。

⑤鹦鹉：即《鹦鹉经》，全一卷，又称《佛说鹦鹉经》。南朝刘宋求那跋陀罗译。收于《大正藏》第一册。印度舍卫城有人名鹦鹉摩牢兜罗子，佛尝乞食其家，为说此经。

⑥本句与下句"珠里认鹅"所指何事，都有待考证。

⑦放生：把捕获的小动物放掉，信佛的人认为放生是一种善举。

⑧真如：也作"如""如如"，佛教语。谓永恒存在的实体、实性，亦即宇宙万有的本体。与实相、法界等同义。

【译文】

查询佛教经典，会发现鹫头岭、鸡足山、《孔雀明王经》、《鹦鹉偈》，还有八哥问字，白鹅辨珠，一切鸟禽都有佛性。所以放生说法，才能大彻大悟，得佛法真谛。至于惜福清修，不过是第二层境界。

【评点】

放生是好的，因为众生平等，个个惜命，把命还给人家，是以己爱命之心，度他物爱命之腹，体现了佛家的"无缘大慈，同体大悲"的精神。惜福清修自然也是好的，只是过于清净，与外界无染，也便与外界无缘，容易堕入槁木死灰的顽空境界。所以说惜福清修是第二义。

不过，纵使放生是佛家第一义，却也出现一些乱象：前边有人放生，后边就有人把已经放生的动物重新捕捉起来再卖给放生的佛门弟子与善男信女，这样循环不息，动物们受一遍罪，再受一遍罪，又受一遍罪。只愿世人念及"血肉淋漓味足珍，一般痛苦怨难伸。设身处地扪心想，谁肯将刀割自身？"多少惜些性命。

第一一八则

实境阅历，斯耳目之界真；世味备尝，斯口腹之嗜淡。向长安而空笑，过屠门而思嚼①。实境真味，将何着落？

【译文】

亲临其境，才能保证自己所闻所见真实不虚；世上味道尝遍，口腹之欲就会淡薄无求。如果听说长安富贵，就面向长安，笑而艳羡；肚子饿了，就路过肉店在想象中大嚼一通，那真实的境界和味道，又从何而来？

【评点】

有两个乞丐谈论皇帝的生活，一个说："皇帝真享福，他一天到晚吃油饼。"另一个说："才不是呢，皇帝早晨吃油饼，中午吃饺子，晚上吃大肉。平时没事就抓两个肉包子吃吃。"他们却不知道，皇帝一餐要吃一百多道菜，绝大多数菜，他们见也没见过，听也没听过。且看溥仪早膳的一份菜单：

清汤银耳、炉肉熬冬瓜、炒三冬、鸭条烩海参、葛仁烩豆腐、红烧鱼翅、炮羊肉、烩酸菜粉、锅烧茄子、红烧桂鱼、炒黄瓜酱、干炸肉、羊肉汤白菜、大豆芽炒疙瘩缨、热汤面黄焖鸡、摊鸭子、木樨汤。

再看一份清朝皇宫的御用菜单：

皇子侧室福晋：猪肉十斤、陈粳米九合、老米一合、白面二斤八两、怀曲五分、绿豆粉一两、芝麻一合、澄沙二合、白糖四两、香油七两、鸡蛋三个、面筋四两、豆腐八两、豆腐皮一张、粉锅渣十三两、水粉一两、豆瓣一两五钱、绿豆芽一两五钱、蘑菇八钱、木耳三钱、甜酱五两五钱、清酱二两五钱、醋一两五钱、白盐三钱、酱瓜一片半、花椒二分、大料二分、姜二钱、鲜菜三斤、黄蜡一枝（重一两五钱）、洋油蜡二枝（各重一两五钱）、黑炭（夏十斤、冬十八斤）、羊肉十五盘（每月）。

以上仅为皇室成员的日用饮食原料，而皇帝本人的日用饮食原料则比此多得多。一般情况下，皇帝每日用盘肉 22 斤，汤肉 5 斤，猪油 1 斤，羊 2 只，鸡 5 只（当年鸡 3 只），鸭 3 只，白菜、菠菜、香菜、芹菜、韭菜等共 19 斤，大萝卜、水萝卜和胡萝卜共 60 个，包瓜、冬瓜各 1 个，苤蓝、干闭蕹菜各 5 个（每个 6 斤），葱 6 斤，玉泉酒 4 两，甜酱和清酱各 3 斤，醋 2 斤。早、晚随膳饽饽 8 盘，每盘 30 个，而每做一盘饽饽需要上等白面 4 斤，香油 1 斤，芝麻 1 合 5 勺，澄沙 3 合，白糖、核桃仁和黑枣各 12 两。另外，御茶房还要恭备皇帝每天用的茶、乳等。皇帝例用乳牛 50 头，每头牛每天交乳 2 斤，共 100 斤；又每天用玉泉水 12 罐、乳油 1 斤、茶叶 75 包（每包 2 两）。

皇帝吃饭，菜多，肉也多，珍品异味多，南北糕点也多。依照定例，御膳、寿膳每餐要呈四盘蒸点心、四盘烙点心，油炸小食的数目不一，少则三四盘，多则十盘八盘。面点中的馒头、蒸饼、枣卷每膳必备四盘，另如黄糕、黄白蜂糕、开花馒头、金丝卷、银丝卷、荷叶饼、肘丝卷等其他花色是每膳轮流呈进。

如果这两个乞丐知道皇帝吃这么些好东西，不定怎么艳羡死。可是顺治皇帝却放弃这么丰厚无二的待遇，出家做了佛子。他的出家诗写得清楚明白："朕本大地山河主，忧国忧民事转烦。百年三万六千日，不及僧家半日闲。"

他是真正过了帝王的生活，才知道帝王生活的滋味。他是既亲临了其境，又备尝了世味，才淡了欲望，明了自己的真实心思。若是这两个乞丐做了皇帝，说不定也会懊悔失去了自由自在的好日子。螃蟹何味，总要尝尝才知道。不然凭空恐惧或是艳羡，都不是道理，撑死了也是叶公好龙，画饼充饥。

第一一九则

和冷香韵①：幽人到处烟霞冷，仙子来时云雨香；霜封夜瓦鸳鸯冷②，花拂春帘翡翠香；妆临水镜花俱冷，曲奏霓裳③月亦香；雪罥层峦④山骨冷，花随飞浪水痕香。

若问玄之又玄⑤，不免梦中说梦⑥。最是解所不解⑦，有如杯后添杯⑧。

【注释】

①和冷香韵：和韵是旧体诗写作方式之一。指与别人的诗相唱和时，依照其诗所押的韵作诗。冷香韵即以冷、香为韵作诗。

②鸳鸯：即鸳鸯瓦，因瓦一扣一反，故名。白居易《长恨歌》："鸳鸯瓦冷霜华重，翡翠衾寒谁与共？"

③霓裳：即《霓裳羽衣舞》，唐朝宫廷乐舞套曲。相传为唐开元中西凉节度使杨敬述所献，初名《婆罗门曲》后经玄宗润色并填词改用此名。

④罥（juàn）：缠绕。雪罥层峦，是指层层叠叠的山峦都铺满了雪。

⑤玄之又玄：原为道家语，形容道的微妙无形。后多形容非常奥妙，不易理解。出自《老子》第一章："道可道也，非恒道也。名可名也，非恒名也。无名，万物之始也；有名，万物之母也。故恒无欲也，以观其妙；恒有欲也，以观其所徼。两者同出，异名同谓。玄之又玄，

众眇之门，同谓之玄。玄之又玄，众妙之门。"

⑥梦中说梦：原为佛家语，比喻虚幻无凭。后也比喻胡言乱语。出自《大般若波罗蜜多经》卷五九六："复次善勇猛，如人梦中说梦所见种种自性。如是所说梦境自性都无所有。何以故？善勇猛，梦尚非有，况有梦境自性可说。"

⑦解所不解：解释那些不能解答的问题。

⑧杯后添杯：已经喝醉酒后又再添酒而饮。

【译文】

和冷香韵作诗：幽人到处烟霞冷，仙子来时云雨香；霜封夜瓦鸳鸯冷，花拂春帘翡翠香；妆临水镜花俱冷，曲奏霓裳月亦香；雪胃层峦山骨冷，花随飞浪水痕香。

要问玄妙之中的玄妙，不免有在梦中讲说梦境的嫌疑。一些问题最是解答了不如不解答，否则就好比喝醉后又继续添杯而饮。

【评点】

文字多玄妙。

烟霞冷不冷谁知道？云雨香不香谁闻见？可是这样作出诗来，却让人分明真切地觉得烟霞果然是冷的，云雨果然是香的，且是各人心中的"烟霞冷"和"云雨香"又与别人不同，自有味道。这几句和诗都如此玄妙，令人备觉心动。

这样的玄妙文字还有许多，偏偏就有许多的学究刻舟求剑：

宋祁《玉楼春》有"红杏枝头春意闹"，李渔就嘲笑："此语殊难著解。争斗有声之谓'闹'；桃李'争春'则有之，红杏'闹春'，余实未之见也。'闹'字可用，则'吵'字、'斗'字、'打'字皆可用矣！"

既是红杏不能"闹"，那么梅也不能"闹"，灯也不能"闹"，毛滂《浣溪沙》的"水北寒烟雪似梅，水南梅闹雪千堆"、黄庭坚《才韵公秉》的"车驰马骤灯方闹，地静人闲月自妍"都该毙掉。盛夏去白洋淀，真是如范成大《立秋后二日泛舟越来溪》所讲"行入闹荷无水面，红莲沉醉白莲酣"，荷叶大如伞、小似钱，摩踵挨肩，闹市一般。换"盛荷""绿荷"均失其神，这样又该怎么办？

文字这种东西本来好比千面观音，一时它喜欢素白颜面，青丝松绾；一时它又喜欢盛装严饰，满头钗钏；一时它又变成尤三姐，戴着耳坠子，敞着白脯子，翘着小金莲……千变万化一张脸，如鱼，如花，如响，如云，难道非得要把它化成铁汁，倒进模子，再磕出一把把壶，一只只犬，一枚枚不差模样的钱？

还有人读了唐朝李绅的"春种一粒粟，秋收万颗子"，一定要指摘其不符合生物学事实：一粒粟顶多收一二百颗种子，怎么能收一万颗呢？唐朝浮夸风实在太重了啊！读了陈丹青的"我站在屋后树林子里谛听山雨落在一万片树叶上的响声"，更会张着嘴笑：你真的数过了，不是9999片树叶吗？

想想就觉得冷。真是解所不解，杯后添杯。

第一二零则

论名节①，则缓急②之事小；较死生，则名节之论微③。但知为饿夫以采南山之薇④，不必为枯鱼以需西江之水⑤。

【注释】

①名节：名誉与节操。

②缓急：指危急之事或发生变故之时。《史记·绛侯周勃世家》："孝文且崩时，诫太子曰：'即有缓急，周亚夫真可任将兵。'"此处借指境遇穷困或者通达。

③微：微末，不重要。

④"但知"句：指的是不食周粟，采薇而食。伯夷、叔齐是殷周之际孤竹国国君的两个儿子，因互相谦让王位而双双逃离了自己的国家。他们反对周武王伐纣，认为以臣伐君是不孝不仁。周武王灭了殷商，伯夷、叔齐不食周粟，跑到首阳山隐居，采薇而食，直至饿死。

⑤"不必"句：战国时期，宋国庄周家贫，一次向他的朋友监河侯借粮食时，朋友推说等收了租再借给他，他讲了这个故事："周顾视车辙中有鲋鱼焉。周问之曰：'鲋鱼来！子何为者邪？'对曰：'我，东海之波臣也。君岂有斗升之水而活我哉？'周曰：'诺。我且南游吴、越之王，激西江之水而迎子，可乎？'鲋鱼忿然作色曰：'吾失我常与，我无所处。吾得斗升之水然活耳，君乃言此，曾不如早索我于枯鱼之肆！'"说完就头也不回地走了。

【译文】

若论起名节，那么境界穷困或是通达就是小事；若比起生死，那么名节的论调就显得微不足道。我只知道捍卫名节的伯夷、叔齐饿着肚子采南山的野菜为食，车辙中的鲋鱼只需要给予斗升之水便能活命，没有必要远赴吴越为它引西江之水。

【评点】

一个人是否具有名节意识，以今人眼光来看，或许不过是一种陈腐的道德论调。就像伯夷、叔齐的不食周粟，但是他们也是不甘于饿死，而采南山之薇以食。所以，在直面生死的时候，名节其实显得并不那么重要，毕竟生命是第一位的。以往我们对待战俘的态度是鄙夷不屑的，觉得是军人的贪生怕死；可是在国际上，战俘却应受到尊重，因为生命第一，谁也无权剥夺。这个定律可以扩大到所有领域，无论谁要夺去别人的生命，都是值得谴责的。

第一二一则

儒有一亩之宫①，自不妨草茅下贱；士无三寸之舌②，何用此土木形骸③。

【注释】

①宫：此处泛指房屋。《尔雅·释官》："宫谓之室，室谓之宫。"

②三寸之舌：比喻能说会辩的口才。《史记·留侯世家》："今以三寸舌，为帝者师，封万户，位列侯，此布衣之极，于良足矣。"

③土木形骸：形骸：指人的形体。形体像土木一样。

【译文】

读书人有一亩地的屋宅，就不妨做低微下贱的草民；士子没有三寸不烂之舌，还要这副土偶木俑一般的身体有什么用！

【评点】

古时地少人多，一亩地的屋宅已显寒碜，可是只要有这一所屋宅，就是有根基、有家当，好比"屋后有粮，心头不慌"，可以做一个独立的人，有独立的事业、兴趣和思想。落实到现代，哪怕是三尺之屋，只要有一处独属于自己的容身之地，也就可以让自己做一个独立而大写的人，不必生自卑之心，从而保持精神的自由性。

至于建功立业之心，是人都有。就如苏秦、张仪的合纵连横，游说六国一样，既要建一番功业，就要苦练建功业的技能。在春秋战国时代是舌辩之士纵横天下，到了唐朝，则以诗才纵横天下；到了明清时代，又成了写八股文；现代则是多方技能都须掌握：电子、电脑、口才、思想、心机、手段，要无一不精。当然，如是厌倦了争斗，退守蜗居，看白云苍狗，时光悠悠，也是不错的选择。

第一二二则

天下非有至奇、至怪、至诞、至僻之事，则见闻不开；天下倘多至奇、至怪、至诞、至僻之人，则经常[①]不正。故曰：不可无一，不能有二。

【注释】

①经常：经，经典；常，常道，常法，常理。

【译文】

天下如果没有最奇、最怪、最荒诞、最邪僻的事情发生，人的见识就不能拓展；天下如果最奇、最怪、最荒诞、最邪僻的人多了，则世间理法就不正。所以说：一个足矣，不能没有，不能再多。

【评点】

天下之大，无奇不有，奇伟、瑰怪、非常之观并不鲜见鲜闻。若是闭目塞听，不闻不观，就好比坐井观天之蛙，见识自然浅薄，而狂妄自大。可是，若是整日醉心于搜罗奇事奇闻，又忽略了人间吃饭穿衣、工作生活的正道，而变得诡僻多端，让人看着也不像样。所以，最好把这二者结合起来，以日常正道为饭，而佐以奇闻怪事的椒盐，这样既不至于把日子过得枯燥无味，又不至于走火入魔，入了歧途。

第一二三则

觉①当烟水②，则青眼顿开；听到是非，则白日欲寝。

【注释】
①觉：醒来，睡醒。
②烟水：雾霭迷蒙的水面。此处指美好的自然风景。

【译文】
一觉醒来，若是面对云水境界，则眼界豁然开朗；若是听了满耳人间是非，就大白天也昏昏欲睡。

【评点】

不怪名山大川僧占多，僧家是修心之人，身处人群，耳听是非，心神动荡，倒真不如避居深山，身临碧水，可得清净。世人又爱柴米油盐之外，跑去山水之间颐养身心，实在也是厌倦了人间的是是非非，纠葛牵缠。人离了人群不行，可是长久浸淫人群也是不行，所幸老天怜人，远处有山水在等。

第一二四则

裘敝黑貂①，客来时蕉衫②换酒；歌惭《白云》③，兴到处竹籁④代吟。

【注释】

①裘敝黑貂：即裘敝金尽，典出《战国策》卷三《秦策一·苏秦始将连横》。苏秦游说秦王，上书进言十次得不到实行，最后黑貂皮袍破了，带的钱花光了。后遂用"裘敝金尽"等比喻生活穷困，穷途末路。

②蕉衫：用麻布缝制的衣衫。白居易《东城晚归》诗："晚入东城谁识我，短靴低帽白蕉衫。"

③《白云》：古名曲。

④竹籁：风吹动竹子发出的声音。唐·贾岛《夜集田卿宅》诗："滴滴玉漏曙，翛（xiāo）翛竹籁残。"

【译文】

即便是像苏秦曾经经历的那样，金银花尽，黑貂裘也破烂了，可是客人到访，也不妨脱下身上的青布衫换酒招待；虽然我没有能够吟唱名曲《白云》的歌喉，若是兴致来临，也不妨用穿过竹林的风的清吟来代我吟哦抒怀。

【评点】

梁实秋和林语堂都写过有关客人的话题。俗客是不来怕其来，既来怕其不走，既走怕其又来，梁还无可奈何地说这等客人"驱攘甚为不易"。而雅客是不来望其来，既来怕其要走，既走盼其复来。如果真的不来呢？那就学李商隐，"听鼓离城我访君"——你不找我，我就去找你了。能在极度贫困之际，蕉衫换酒来招待的客人，自然是求之不得的雅客。这蕉衫换酒待客之举，和杜甫的"花径不曾缘客扫，蓬门今始为君开"一样至诚热情，令人神往。若是主客相对，兴至酒酣，纵使不能高歌，也可以静听竹籁，清风徐来，斯乐极矣。

第一二五则

抱冲雅①者，一经精凿，辄谓有伤神色②。不知精凿之妙，不妨镂刻。譬之精凿美玉，雕磨百端，神色愈正。

【注释】

①冲雅：典雅；淡雅。明·刘元卿《贤奕编·闲钞上》："吕圣功

之清净,李太初之冲雅,王孝先之沉毅,其学所入虽不同,固各有所得。"

②神色:神情、气度。下文之"神色"则指美玉的神韵、色泽。

【译文】

怀抱冲淡典雅的人,一旦经过精雕细琢,就有人说是伤了他的神情气度。却不知道精雕细琢的妙处,镂刻并不会妨碍韵味天成。好比对美玉精细雕琢,百般琢磨,玉的神韵、色泽更加纯正。

【评点】

去故宫,对玻璃匣子里的大吉葫芦备极赞叹。一个小小的葫芦,上面怎么精雕细镂了那么多繁复的花纹?巧夺天工,此之谓也。还有那么多的簪、钗、炉瓶三事,个个备极精细,如苏州园林,湘绣花饰,方寸间有一种不为人知的落寞的精致。

有时感觉人也像一个有着繁复美好花纹的容器,比如故宫里那只大吉葫芦,或者一根绝美无对的盘肠簪,用一生的时间雕刻自己,越刻越精致。大多数人都是走的精致的路子,或者一心向往精致,于是像一根好木,细雕细镂,比而又比,劫而又劫,到最后虽然玲珑细巧,却脆弱无比。所以现代人闹病的多,身体和心理都有点不堪一击。

但是,若想立身于世,这似乎又是不得不花的代价,不得不做的功夫。这也算是做人的一个道门,如同美玉之愈精凿而神色愈正。

不过,若是对应付人世有些厌倦,我们也有前贤可以效仿与比对。六朝是一个退避的时代,多少人退出万众瞩目的舞台,退进自己的心里;退出繁华的锦帐和名贵的乳豚,退进青蔬糙米、竹塌木床的世界;退出你进我退、你生我死的激烈争斗,退进如鸟一样啄露而歌,依枝而栖的安然的无忧与欢喜。一步步退下去,一步步挣出来,远离繁华的人间喜剧,靠近沉默而无言的天地大美。所以有许多人忘情,醺然而醉,箕踞而歌，抱琴而弹，雪夜访戴。

至于选择哪一种生活方式，只要依照自己的本心即可，哪一种都美，哪一种都对，至少，哪一种都无罪。

第一二六则

沈郎诗瘦①，对翠竹同病相怜；东老书贫②，借白云一家生活。

【注释】

①沈郎诗瘦：沈郎，即沈约（441—513），字休文。文学家，史学家。吴兴武康（今浙江德清西）人。撰《四声谱》，创四声八病之说，与谢朓等开创永明体，推动了诗歌向格律化的发展。著有《宋书》《晋书》等。他在《与徐勉书》中说自己因为苦吟诗句而使身体消瘦。

②东老书贫：东老，宋朝隐士沈思，归安人，隐于县东之东林庵，因号东老。倾囊购书庋藏，安贫守道。

【译文】

因为苦吟诗句而使身形消瘦的沈约，面对翠竹，生起同病相怜之感；沈思因倾囊购书而致家贫，于是借来白云做被，以供一家人生活。

【评点】

沈郎诗瘦和东老书贫，可与凿壁偷光、囊萤映雪、断齑画粥相媲美。世上总不缺穷人，也不缺穷而精神富足的人，也不缺虽穷而志不短的人。

这样的人值得我们赞颂、称道、效仿。他们虽齑盐布帛，却与白云翠竹为伴，无上清贵，比浊富更令人心动。

第一二七则

驰马不如观鱼，放鹰不如调鹤。

【译文】

纵马驰骤，不如观赏游鱼。野外放鹰，不如闲庭养鹤。

【评点】

纵马驰骤，追求的是那种速度与激情，以及对力量的掌控；放鹰也是如此。鹰与马象征着人们想要征服的对象，比如金钱、比如权力、比如难以驯服的美人。而观鱼，是欣赏鱼的自由游动，调鹤，也是调动鹤的舒卷自由的精神。鱼与鹤象征游离于尘世标准之外的超凡脱俗，自由自在。驰马放鹰与观鱼调鹤，是两种不同的处世精神，人之初成长，步入尘世，往往喜欢锐意进取，搏击蓝天，同时也被种种规矩束缚，如同马上鞍辔，鹰受钳制；及至世事遍历，世味尽尝，便喜欢脱离规矩，舒放身心，同鱼与鹤的精神相呼应。也真有人像陶渊明一样挂冠归里，放归自然，思之令人神往。

第一二八则

从牖窦①窥大椿树，积阴如壑②，寒涛若涌，郁然③有不可测之势。仙郎曰："古之巢居④得此，不减秘室。"余曰："如是幽深玄远，白日之下，风雨欲来，虬龙隐跃其上。直似穴处⑤，不同巢居耳。"

【注释】

①牖（yǒu）窦（dòu）：窗户洞。牖，窗户。窦：孔，洞。

②积阴如壑：谓椿树层积的密叶浓荫如同深谷沟壑。

③郁然：浓密的样子。宋·周密《癸辛杂识续集上·宋江三十六赞》："美髯公朱仝。长髯郁然，美哉丰姿。"

④巢居：上古或边远之民在树上筑巢居住。《庄子·盗跖》："古者禽兽多而人民少，于是人皆巢居以避之。"这里指的是隐居。

⑤穴处：居住山洞。《楚辞·天问》："厥严不奉，帝何求？伏匿穴处，爰何云？"

【译文】

从窗眼里看大椿树，浓荫层层积叠，如同幽深的山谷，风吹树叶，似浪奔涛涌，蓊蓊郁郁，深不可测。仙郎说："古代人若是能够在这样的大树上筑巢而居，和秘室没什么两样。"我说："像这样幽深玄远，大白天的好像风雨欲来，虬龙隐隐地在上面盘旋奔跃，更像是挖穴而住，而不是筑巢而居。"

【评点】

村庄多树，且多老树。有的村庄有多老，树就有多老。有的树又比村庄还老。南方多榕竹，北方多槐柳榆椿。槐树是初春与深冬好看。初春槐树卵圆淡碧的叶，茸茸簇生，阳光一照，如同玉片；深冬槐树叶已落尽，细微枝杈尽现，茸茸簇簇，映着淡色的天，像水墨的画。柳树亦是初春与深冬好看，春来嫩柳如丝，风来轻拂，清潭照影；深冬叶亦落尽，明晃晃的阳光往下照，你抬头向上看，柳枝染金，飞瀑如泻。榆树则只有初春好看，因叶尚未生，枝丫转青，簇簇生的鲜嫩碧绿的榆钱。椿树则是盛夏浓时好看，真如作者所言，大椿树碧叶如涛，风吹如怒，像深壑，像幽谷。

惜乎如今农村形态渐渐消解，老树也棵棵飘零，像那种积阴如壑的大椿树，又到何处寻？

第一二九则

"变态"①二字难闻，独于山峦喜幻，然山态之变紫变青，不似世态之机心机事②。风波千古未平，不知心险更恶。盖风色③可冲可避，非若人情之多伏多藏。

【注释】

①变态：指事物的性状发生变化。也指在生物个体发育过程中的形态变化。还指人的生理、心理的不正常，有一定程度的扭曲，偏离

心理学上的相对正常的种种状态。带贬义。此处指事物的性状发生变化。刘禹锡《代谢手诏表》："鸾凤骞翔而变态，烟云舒卷以呈姿。"

②机心机事：指为人处世的心机和变化莫测的世事。

③风色：指事态发展的情势。冲：克服、破解。

【译文】

人们不喜欢听"变态"这两个字，不过对于山峦来说，幻化形态则为人所喜。然而山态的变紫变青，不像世态的万般机心和世事的万般变化。千载以来，风波不肯平息，都是因为人心更为险恶。不利的情势可以克服、破解或者躲避，而人心世态却深沉难测。

【评点】

世生万物，唯人机心难测。这一刻喜，下一刻怒，或是脸上是喜，心头是怒，或是心头是喜，脸上是怒。做官的自叹"伴君如伴虎"，因为皇帝的心思难以揣摩；可是身边哪个人不是虎？又有谁的心思好揣摩？佛家说凡事空花幻影，镜花水月，其实人的心思也是空花幻影，镜花水月，眼看是实，转瞬成空。若论机心深重，莫如《三国演义》里"多智近妖"的诸葛亮，能够大打心理战，可是却五十三岁寿终，焉知不是机心伤身？又如《红楼梦》里的王熙凤，时时都在揣摩贾母、王夫人的心理，以迎合，以讨巧，以得宠；可是到最后机关算尽，反算了卿卿性命。论起来，倒不如愚痴的好些，以我不变，应君万变，虽不得繁花簇锦的大富贵，却可享简淡无扰的小清欢。

第一三零则

侈汰①出于无用，不特暴殄天物②，亦且何与快事③。不见羊琇之兽炭④，石崇之蜡薪⑤乎？欲极奢华，翻觉痴绝⑥。

【注释】

①侈汰：同"侈泰"。奢侈无度。唐·李德裕《丹扆六箴》之四："魏叡侈汰，凌霄作宫。"

②暴殄（tiǎn）天物：原指残害灭绝各种生物。后指不知爱惜物品，随意毁坏糟蹋。暴：残害；殄：灭绝；天物：自然界生存的万物。《尚书·武成》："今商王受无道，暴殄天物，害虐烝民。"

③快事：指使人称心满意的事。清·孔尚任《桃花扇·逮社》："不免访寻故人，倒也是快事。"

④羊琇之兽炭：羊琇，字稚舒，西晋大臣。兽炭，即香兽，指用炭屑匀和香料制成的兽形的炭。《晋书·外戚传·羊琇》："琇性豪侈，费用无复齐限，而屑炭和作兽形以温酒，洛下豪贵咸竞效之。"

⑤石崇之蜡薪：石崇（249—300），字季伦，小名齐奴。渤海南皮（今河北南皮东北）人。西晋时期文学家、大臣、富豪，以蜡烛为柴薪。

⑥翻觉痴绝：反而觉得愚蠢透顶。

【译文】

毫无道理地挥霍浪费，不但暴殄天物，而且对自己来说又有何种乐趣？你不见羊琇用兽形的炭来温酒，石崇烧蜡烛来做柴火？他们本来是想极尽奢华之能事，尽享豪侈之生活，可是却让人觉得他们愚蠢透顶。

【评点】

司马迁说："天下熙熙，皆为利来；天下攘攘，皆为利往。"这句话可算抓着了整个人类世界从古到今的本质。人类文明自从奴隶社会起，就一直围绕着"钱"字打转，就像某本书里所说：

"你们地球人类追求金钱——对有些人来说，它是得到权力的工具；对另一些人来说，它是获得毒品的工具；还有一些人把它看成是拥有比邻居更多财富的象征。当一个商人有了一个大商店之后，他会渴望有第二个，然后第三个。如果他统治着一个小王国，他会想着增大它。如果一个普通人有一个他已经能和他的家人快乐地居住的房子，他会向往着更大一些的，或者拥有第二个，之后第三个……"

一个笑话讲一个大地主发善心，对一个长工说："凡是你今天一天能够奔跑划定的土地，我都送给你。"长工大喜过望，开始奔跑，跑到中午，累得上气不接下气，本来想往回跑，可是转念一想："再多跑几步，就可以多得些土地。"于是继续向前奔跑；跑到半下午，累得要死，还是想："再多跑几步，就可以多得些土地"，于是继续向前奔跑。就这样跑到半夜，一巴掌的土地都没有得到，在返回的半路上力竭而死。

这可算是一心追求物质财富的人们奔忙的过程和结局的缩影和象征；而那得了巨额财富的人又怎样呢？真是想尽办法摆阔、炫富，只恨天下人不知老子有钱，单是穿美衣吃美食也便罢了，还要非裘皮大衣不穿，非珍稀动物不吃，甚至以非常残酷的吃法对待生灵，让人目不忍视、耳不忍闻。真希望有许多金钱的人们，能够用金钱做出更多更有意义的事。

还是那本书里的一段话，送给为富不仁的人们：

"为什么这么愚蠢？人总会死的，死时不得不告别他拥有的一切。也许他的孩子会乱花他的遗产，他的孙子会变成穷光蛋！他的一生都被困在了对物质享受的追求上，没有花足够的时间来提升他自己的精神层次。另外一些有钱的人们吸毒，竭力去寻找一种虚幻的天堂生活。这些人得到的报应绝对比其他人更多。"

第一三一则

由少得壮，由壮得老，世路①渐到分明②；丝不如竹，竹不如肉③，人情倍为亲切。

【注释】

①世路：人世间的道路。指人们一生处世行事的历程。

②分明：指清楚、明晰。

③"丝不如竹"句：是说弦乐器不如管乐器，管乐器又不如"肉乐器"。这里的"肉"是指人声。

【译文】

从少年长到壮年，从壮年长到老年，人间道路越来越清晰；弦乐不如管乐，管乐不如歌唱，因为表达出的人的思想情感令别人亲切倍增。

古人说"三十而立，四十不惑，五十知天命，六十耳顺"，虽说年龄隔层没有那么明显，但是随着年龄增长，安身立命、安家立业之后，经过半世打拼，确实渐渐地可以透过一些现象看到本质，又可以知一些事之不可为而不去硬拗着一定要有所作为，有些情之当舍于是可以硬下心肠去断、去舍。这都是活明白了的表现。若说年轻时人生道路隐在云雾之间，随着世事洞明，人生道路渐渐越来越清晰、明显。若说年轻时心高气傲，一味目无下尘，随着人情练达，也晓得人间事莫过于一个字：情。亲人之情、友人之情、爱人之情、世人之情、万物之情，比当年一心追求的权力、金钱、名位更有价值。说到底，人是群居动物，脱离不开与他人的关系，不可能真正做到孤标傲世，一味隐逸。而在错综复杂的关系中，若是注入一个"情"字，就显得温暖、温馨、温柔，令人珍惜，所以李白会写诗赞汪伦："李白乘舟将欲行，忽闻岸上踏歌声。桃花潭水深千尺，不及汪伦送我情。"岂是汪伦的歌唱得好呢，实在是他的情谊让人感动。

第一三二则

海内殷勤①，但读停云②之赋；目中寥廓③，徒歌明月之诗④。

【注释】

①海内：古人认为我国疆土四面环海，因此称国境以内为海内。《孟子·梁惠王下》："海内之地，方千里者九。"殷勤：情意深厚。

②停云，指陶渊明《停云》诗。作者自序："停云，思亲友也。"

③寥廓：空旷深远的意思，也形容辽阔的天空。

④明月之诗：指《诗经·陈风·月出》，全诗为："月出皎兮，佼人僚兮，舒窈纠兮，劳心悄兮。月出皓兮，佼人懰兮，舒忧受兮，劳心慅兮。月出照兮，佼人燎兮，舒夭绍兮，劳心惨兮。"

【译文】

四海之内，亲友真情深厚，无处排遣，只好吟诵陶渊明的《停云》诗，来表达思念；眼前天空寥廓，无人可做伴侣，只好长歌歌颂明月的诗篇，来抒发胸中情怀。

【评点】

大约公元 404 年，陶渊明年四十，闲居家乡浔阳柴桑，作《停云》诗四章，序云："停云，思亲友也。罇湛新醪，园列初荣，愿言不从，叹息弥襟。"意即此诗为思念亲友而作。酒樽里盛满了澄清的新酒，家园内排列着初绽的鲜花，思念亲友而不得相会、叹息无奈，忧愁满胸。

诗曰："霭霭停云，濛濛时雨。八表同昏，平路伊阻。静寄东轩，春醪独抚。良朋悠邈，搔首延伫。停云霭霭，时雨濛濛。八表同昏，平陆成江。有酒有酒，闲饮东窗。愿言怀人，舟车靡从。东园之树，枝条载荣。竞用新好，以招余情。人亦有言：日月于征。安得促席，说彼平生。翩翩飞鸟，息我庭柯。敛翮闲止，好声相和。岂无他人，念子实多。愿言不获，抱恨如何！"

本诗运用比兴的手法和复沓的章法，通过对自然环境的烘托描写，和对不能与好友饮酒畅谈的感慨，充分抒发了诗人对好友的深切思念之情。朋友就是一曲音乐，在滚滚红尘为稻粱谋的时候，可以对市侩、庸俗、计较起一种适当有效的屏蔽，让自己在生计之外的精神层面，有一个较为自由顺畅的呼吸，如同菊花丘山之于陶五柳，鲈鱼莼菜之于张季鹰。哪怕天宽地阔，若是友人不在身边，仍旧心中寂寞。纵使不晓得朋友现在何方，做着什么，有何种忧乐，可是他的一颦一笑，一言一语，仍如杨花乱舞，点点都在心头。一念及此，更是满目寥廓，歌诗无味。

第一三三则

不耕而获，不菑而畬①，砚诚有岁②；今日下城③，明日倾国④，舌岂无兵⑤。

【注释】

①菑畬（zīyú）：耕耘。《易·无妄》："不耕获，不菑畬。"菑：初耕的田地，开荒。畬：开垦了两三年的熟田。《尔雅·释地》："二岁曰新田，三岁曰畬。"

②砚诚有岁：笔墨苦耘也会有收获。岁，年景，一年的收成。

③下城：攻下城池。

④倾国：倾覆邦国。《史记·项羽本纪》："此天下辩士也，所居倾国。"

⑤兵：武器。

【译文】

（作为一个文人）不耕种而有收获，不开垦而有良田，因为他是在笔墨天地辛苦耕耘有年，才得到的回报。（作为一个舌辩之士）今天可以说降一座城池，明天可以鼓动颠覆国家，他的伶牙俐齿就是锋锐的武器。

【评点】

古人说道："书中自有黄金屋，书中自有千钟粟，书中自有颜如玉。"确实，文人手不能提篮，肩不能担担，一身富贵荣华，全在这一杆笔、一锭墨，怎么能不舍命用功呢？就如同戏词里唱的："凉桌子热板凳铁砚磨穿。"功夫下到，黄金屋也有了，千钟粟也有了，颜如玉也不缺。

辩士多逞舌辩之才，这一条舌头可抵百万雄兵，乱世之中尤为重要。战国时，苏秦凭自己的三寸不烂之舌说服了关东六国的国君，使他们接受了"合纵"的主张，关东六国结成军事同盟，共同对付秦国，并共推苏秦做盟主，把六国相印都交与他佩在身上。这条舌头，真是大大的厉害。三国时，诸葛亮凭舌辩之才，一个个驳倒东吴反对派，说服孙权和刘备结盟，共同对抗曹操，从而形成天下三分的大格局，这条舌头，也是大大的厉害。

所以一身所长，上天必不辜负，只要下苦功，必有得用处。

第一三四则

桃花流水，白云深山。混迹渔樵，兴颇不恶。

【译文】

桃花漂荡在流水之上，白云萦绕在深山之中。我和渔夫樵子混在一起，兴致真是不错。

【评点】

世上美景，桃花流水，白云深山。

世外高人，撒网砍柴，渔父樵夫。

渔父和樵夫大概是离世情最远的两种人。烟波浩渺，荡涤心胸，密林深山，野花竞放，远离人群，不生是非，心情最易安宁静定。和他们混迹一起，听砍柴丁丁，看金鳞入网，令人灭争长竞短的想头，生秋月春风的感怀，确实是好兴致，好消遣。怪不得明人归庄会在《万古愁》中愁痛恶闷，最终却发愿隐遁山水之间："春水生，桃花笑，黄鹂鸣，竹影交，凉风吹，纤纤月色照寒袍。冻云凝，六花绰约点霜豪。傍山腰水腰，望云涛海涛，倚梅梢柳梢，听钟敲磬敲，卧僧寮佛寮，任日高月高，到头来没些个半愁半恼。真个是纵海鱼，离笼鸟，翻身直透碧云霄。凭便是银青作饵，金紫为纶，漫天匝地张罗钓，呸呸呸！俺放荡老先生摆尾摇头再不来了。"

今人生存不易，心情躁动难安，于竞争厮杀之际，若还能有兴趣觅一桃花流水、白云深山的所在，寻访当地土人，得半日安宁，也算未曾失了一颗本心。

第一三五则

弄月嘲风①，此曲只应天上有②；茅斋草径③，我辈岂是蓬蒿人④。

【注释】

①弄月嘲风：指描写风云月露等景象。风、月，泛指各种自然景物。

②"此曲"句：语出杜甫《赠花卿》，全诗为："锦城丝管日纷纷，半入江风半入云。此曲只应天上有，人间能得几回闻。"

③茅斋草径：茅草盖起的斋堂，深草遮蔽的小径，指隐居山林。

④"我辈"句：语出李白《南陵别儿童入京》："仰天大笑出门去，我辈岂是蓬蒿人。"蓬蒿人：草野间人，指未仕。这里也指胸无大志的庸人。

【译文】

描绘风云雨露的诗词乐曲，只配天上神仙欣赏；身住茅屋草径，我们也不是草野庸人。

【评点】

虽说此曲只应天上有，但是仙曲也能落凡尘。人的精神境界若是高尚清雅，对于音乐的欣赏水平与神仙也无甚大的差别。所以人间也能弄月嘲风，赏云赏雪。

而人的欣赏水平高低，与社会地位高低，所住房屋大小也没有大关系。有钱的庸人和无钱的雅人与天上的星星一样多，虽是居住蓬屋茅斋，终日门庭冷落，但是心志清高出尘，也不是寻常俗人。

第一三六则

文人蕴藉^①，才子纵横^②。纵是绣口锦心^③，法门^④自有区别。

【注释】

①蕴藉：藏在其内，隐藏而不外露的意思，多形容君子气质。也指言语、文字、神情等含蓄而不显露。《后汉书·桓荣传》："荣被服儒衣，温恭有蕴藉。"

②纵横：雄健奔放。汉·刘桢《赠五官中郎将》诗之四："君侯多壮思，文雅纵横飞。"

③绣口锦心：锦、绣：精美鲜艳的丝织品。形容文思优美，辞藻华丽。唐·柳宗元《乞巧文》："骈四骊六，锦心绣口，宫沉羽振，笙簧触手。"

④法门：佛教用语，原指修行者入道的门径，今泛指修德、治学或做事的途径。

【译文】

文人讲究含蓄深沉，才子注重狂放不羁，就算他们都是文思优美、辞藻华丽，修德治学的途径也各不相同。

【评点】

风流才子，旧指洒脱不拘、富有才学的人；文人骚客，则是古时写诗作文之人。才子衣着不拘，言行不拘，写诗作文，挥笔立就，倚马可待；文人着长衫，迈八字步，儒雅深沉，为求佳句，不惜苦吟。二者好比一体两面，才子的才气流于表象，气韵流动，几乎为人肉眼可见；文人才气如草底暗河，静水流深，非深入其间不可领略。

若论起来，则李白可称天下第一才子，他的"黄河之水天上来，奔流到海不复回"何等气势；他的"仰天大笑出门去，我辈岂是蓬蒿人"又是何等猖狂；杜甫可称文人，他的"国破山河在，城春草木深"即使沉痛，又何等含蓄；他的"花径不曾缘客扫，蓬门今始为君开"即使开心，又何等蕴藉。

才子好比天纵英才，文人更像后天修成。二者互为表里，互相成就，才令这个世界既有丰富内涵，又有炫酷外延。

第一三七则

琵琶非昭君，胡笳非蔡琰[①]，吹弹绝无风韵。然两君之韵，却未必在此。

【注释】

①"胡笳"句：胡笳：古代北方民族的一种管乐器，其形如笛，音悲凉，传说汉代张骞从西域传入。蔡琰：字文姬，生卒年不详。东汉陈留围人，东汉大文学家蔡邕的女儿。初嫁于卫仲道，丈夫死去而回到自己家里，后因匈奴入侵，蔡琰被匈奴左贤王掳走，嫁给匈奴人，并生育了两个儿子。十二年后，曹操统一北方，用重金将蔡琰赎回，并将其嫁给董祀。蔡琰擅长文学、音乐、书法，有《悲愤诗》二首和《胡

笳十八拍》传世。《胡笳十八拍》是蔡琰感叹身世所作。

【译文】

　　如果琵琶不是王昭君弹拨，如果胡笳不是蔡文姬吹奏，琴音笳声绝对表达不出它们当有的韵味。然而两位女子心中所感，却未必在琵琶和胡笳之中。

【评点】

　　王昭君十六岁入宫，因不肯贿赂画师毛延寿，毛延寿便丑化她的画像，使她不得面见圣颜，久居冷宫。公元前 33 年，匈奴首领呼韩邪单于求和亲，汉元帝遍召妃嫔，昭君自请和亲。汉元帝允，召见之，却见她国色天香，大为后悔，因君令如山，不可更改，只好杀毛延寿以泄愤。

　　王昭君踏上行程，终生再未能回汉土。因忧心恻伤，制琵琶曲《昭君怨》，据说弹奏时天上大雁耳不忍闻，坠在地上，这就是四大美女"沉鱼落雁，闭月羞花"之"落雁"的说法由来。

　　昭君远嫁匈奴，换得国泰民安。琵琶从古就有，却是到昭君手里，才发出惊世哀韵。就算没有琵琶，昭君亦如琵琶，被命运之手弹奏出惊世哀韵。是以昭君不是仰赖琵琶以传音，而是琵琶仰赖昭君以传情。

　　蔡文姬是东汉末年文学家蔡邕之女，时局动荡，羌胡番兵掠掳中原，蔡文姬也在被掳之列，入胡地十二年，嫁给左贤王，生下二子。曹操与蔡邕友好，用重金将其赎回。重回故土，却又抛夫别子，车马辚辚，身心恍惚，成就传世名篇《胡笳十八拍》。

　　胡笳本是寻常乐器，却因了文姬而得享盛名。若是没有文姬，胡笳如今身份仍旧寻常；纵使没有胡笳，也有文姬感天动地的忧思彷徨。是以文姬不是仰赖胡笳以传音，而是胡笳仰赖文姬以传情。

世人都赞"昭君出塞"，何如不令一个弱女子出塞？世人都赞"文姬归汉"，何如令一个弱女子当初就不出汉？英雄征逐，天下皆是战场，有谁可曾想过弱者的眼泪和悲伤。

第一三八则

李太白酒圣，蔡文姬书仙。置之一时[①]，绝妙佳偶。

【注释】

①置之一时：放到同一个时代。

【译文】

李太白是酒中圣人，蔡文姬是书中仙子，如果将他们两人安排在同一个时代，必定成为再妙不过的一对佳偶。

【评点】

李白一生，嗜酒贪杯，酒后狂放，所谓"君爱身后名，我爱眼前酒。饮酒眼前乐，虚名何处有"。又说"人生得意须尽欢，莫使金樽空对月"。实在是胸中有积郁不得申，有块垒须酒浇："五花马，千金裘，呼儿将出唤美酒，与尔同销万古愁"，可是却"抽刀断水水更流，举杯消愁愁更愁"。所以他时而聚饮，时而独酌，聚饮时"烹牛宰羊且为乐，会须一饮三百杯"，独酌时"举杯邀明月，对影成三人"。

李白诗在酒里，酒在诗中，诗酒不分，同为性命。说他诗仙是实至名归，说他酒圣也是舍我其谁。诗酒簪花，打马长安，落魄出京，诗酒遣怀，若是有诗无酒，李白在文学史上的地位要低上许多；若是有酒无诗，李白在文学史上寂寂无名。诗魂酒魄，合成李白这个谪仙人。

蔡邕不仅是文学家，同时也是大名鼎鼎的书法家。他的书法整饬却不失之刻板，静穆而有生气涌动，刚而有肉，柔而有骨，雍容大气，典雅方正。又创"飞白书"，笔画中丝丝露白，似以枯笔写就；又总结出书法九势：落笔、转笔、藏锋、藏头、护尾、疾势、掠笔、涩势、横鳞竖勒。他的传世书论有《篆势》《笔赋》《笔论》《九势》等。蔡文姬生活在其父身边，耳濡目染，不仅文学素养极高，书法也得其真传，时而稳重，时而飘逸，不拘一格，自成风范。

不过，作者要将此二人"拉郎配"，却是有些令人啼笑皆非。外人徒以种种外部条件衡量两人是否对等，好比将两人各自上秤去称，称得斤两相差无多，便说是天作之合。殊不知感情这种东西最为玄妙，未必搞文学的就一定和搞文学的来电，搞书法的和搞书法的投合，有才气的和有才气的惺惺惜惺惺，否则那"一山不容二虎"的说法又从何而来。感情如同探针，一路探到人心最隐秘的所在，个中滋味，不足为外人道也。

第一三九则

子猷之舟①，乘兴而来，兴尽而返；吕安之驾②，一时相忆，千里相从。

【注释】

①子猷：王徽之（338—386)，字子猷。王羲之第五子。居会稽时，雪夜泛舟剡溪，访戴逵，至其门不入而返。人问其故，则曰："本乘兴而行，兴尽而返，何必见戴！"（刘义庆《世说新语·任诞》)。

②吕安之驾：吕安，字仲悌，东平人。生年不详，卒于公元262年。刘义庆《世说新语·简傲》："嵇康与吕安善，每一相思，千里命驾。安后来，值康不在，喜（康之兄）出户延之，不入。题门上作'凤'字而去。喜不觉，犹以为忻。故作'凤'字，凡鸟也。"后亦以"吕安题凤"喻造访不遇。

【译文】

王子猷想念友人戴安道，雪夜乘舟去访，却乘兴而至，到了戴家的门口，兴致已尽，不入门而返；嵇康与吕安交好，每次一想念吕安，哪怕相隔千里，也要驱车而见。

【评点】

一千多年前，一个茫茫雪夜，一个人睡醒一觉，开窗，饮酒，室内踟躇，四望一片白，鼓动得他胸怀喜悦，又忽忽如有所失，起而吟诗，又想着此时若有好友相对清谈，那该有多美。于是忽然想起远方一个人，一下子觉得连天明也等不及，一定要当下便去找他。一夜过去，水波流丽，小船将他一直送至朋友门前，远远望见朋友的家门，在晨光熹微中安静地关闭，他却跟船夫说："不去了，咱们回去。"

于是橹桨欸乃，又把他送了回来。有人后来问他，何为乎如此？他说："我本是乘兴而行，如今兴头已尽，自然是要回家为是，何必一定要见到他才算完事？"

这便是东晋时期两位名士：王子猷和戴安道的故事——王子猷雪

夜访戴安道，经宿才至，却造门不前而返。

这大概就是真正的君子之交淡如水吧。

嵇康和吕安相交，也是如此。两个人因都不是凡鸟，所以才会思念辄起，千里命驾——实在也是身边没有这样可以神交的人，否则何至于路远迢迢，造访远人？

根据马斯洛的观点，人天生有一种"归属"的需求，但是现代人却把它功利地理解为"朋友多了路好走"，所以就像提篮买菜，管它是水菜干菜、芹菜红苕，统统搁在一块儿，篮子里装了一堆，然后提着它沉沉地走路，累得腰酸背痛，一边还自诩为人脉广，会交际。于是，我们就见惯了有所图时的亲热，打太极时的虚与委蛇，利害不相关时的冷漠以及陌生人之间冷硬如墙的隔阂。天长日久，别人心中有没有鬼不知道，自己心里先就生出"鬼"来。

而心中无鬼的这两个人，交往起来，感觉却如雪浸梅花，闻起来有一股香气；又像漠漠水田飞白鹭，水田和白鹭是那么登对；大漠孤烟直，长河落日圆，大漠、孤烟、长河、落日又是那么搭配。有了这样的友情，世界都让人觉得美。

第一四零则

石上藤萝，墙头薜荔。小窗幽致，绝胜①深山。加以明月照映，秋色相侵，物外之情，尽堪闲适。

【注释】

①绝胜：远胜。

【译文】

石上缠绕藤萝，墙头爬满薜荔，小窗之前，景色幽雅别致，远胜处身深山。再加上明月映照，秋色入心，超然物外的情致，足够令人深觉闲适。

【评点】

深山离人远，固然不错，可是对世事有一种清冷冷刚硬的拒绝，倒不如隐居市廛，小屋小院，薜荔藤萝，秋色连天，明月相照，这份超然物外的情怀，既温厚，又闲适，透着一种别样的清欢。

第一四一则

居傍鸣珂之里①，生憎肉眼相形②；时登树帜之坛，最忌大言惊众。

【注释】

①鸣珂之里：《新唐书·张嘉祐传》："嘉祐，嘉贞弟，有干略。方嘉贞为相时，任右金吾卫将军。昆弟每上朝，轩盖驺导盈间巷，时号所居坊曰'鸣珂里'。"后用指贵人的居处。

②肉眼相形：用凡夫俗子的眼去看人。

居住在达官贵人所住的里巷，深恨他们用俗眼看人；登上主帅的高位之际，最忌讳用大话惊动众人。

【评点】

冠盖相属的所在，最易势焰熏天。主人们倒还罢了，那些家人奴仆却动辄狗眼看人低，所谓"两只体面眼，一颗富贵心"。所以，若是和达官贵人毗邻而居，倒真的需要练就超强的心理素质，能够对隐隐的不屑之意不放在心上，更能够对明晃晃的白眼视而不见。不过，若是修养足够高到可以容纳天地，自然这些困扰就如芥豆之微。

若是一时时来运转，成为登高一呼，应者云集的英雄，则又最易慷慨激昂，夸下海口，甚至自我膨胀，觉得是天上有一，地上无双，救拔万民，舍我其谁。当此之时，又需要头脑清醒，心地谦虚，说话做事都留有余地。当然，若是修养足够高到可以容纳天地，自然也就能够察觉自身如芥豆之微，不必强行压抑而自行谦抑。

前者怕自卑，后者怕自傲。只有二者中和，才能够自信而低调，坦然而谦虚地立于天地间。

第一四二则

词坛中之文将，云间陈征君[①]；文场中之词臣，公安袁吏部[②]。

【注释】

①云间陈征君：指陈继儒。陈是松江华亭（今上海松江）人，云间是松江的别称。

②公安袁吏部：即袁宏道(1568—1610)明代文学家，"公安派"主帅，字中郎，号石公，又号六休。曾任吏部郎中，故称袁吏部。

【译文】

词坛中的作文大将，是松间的陈继儒；文场上作词高手，是公安的袁宏道。

【评点】

陈继儒是明代文学家和书画家，历年隐居，短文小词，都有风致。画山水，画梅竹，又有书法传世。又善鼓琴。他虽隐居，却与官绅酬唱周旋，行止也为人诟病。清乾隆间，蒋士铨作传奇《临川梦·隐奸》的出场诗，有人认为讥刺陈眉公："妆点山林大架子，附庸风雅小名家。终南捷径无心走，处士虚声尽力夸。獭祭诗书充著作，蝇营钟鼎润烟霞。翩然一只云间鹤，飞去飞来宰相衙。"

虽是如此，他的《小窗幽记》却流传久远，"热闹中下一冷语，冷淡中下一热语，人都受其炉锤而不觉"。（沈德先语）本书的作者推崇眉公，《小窗自纪》的命名显然由此脱胎而来。

袁宏道，与其兄袁宗道、弟袁中道并有才名，合称"公安三袁"，被称为"公安派"，袁宏道是实际领袖，强调诗文要"独抒性灵，不拘格套，非从自己胸臆流出，不肯下笔"。此即"性灵说"，是公安派文论的核心。

这两个人都是一代风流人物，值得推崇。

第一四三则

王百谷①《元宵词》云："侯家灯火贫家月，一样元宵两样看。"旨味②隽永③，极可想见世情。

【注释】

①王百谷：明文学家、书法家。名稚登。先世江阴人，移居长洲（今江苏苏州）。万历十四年，与无锡华时亨、太仓王世贞等共举南屏社。工书法，真、草、行、篆、隶无有不能，尤精于隶书，古朴端庄，所书行草亦真率潇洒。外地来吴门者皆仰慕其名，必登门求见，乞其片素尺缣而归。其诗多写个人日常生活，秀丽整秩。

②旨味：美味。

③隽永：意味深长，引人入胜。

【译文】

王百谷的《元宵词》说："侯家灯火贫家月，一样元宵两样看。"含义深沉隽永，透过它可以精辟透彻地想见世间情味。

【评点】

这句词实在切中世情。即如《红楼梦》中的贾府两次庆元宵为例：

一次是元妃归省，"只见院内各色花灯烂灼，皆系纱绫紮成，精致非常。上面有一匾灯，写着'体仁沐德'四字。元春入室，更衣毕复出，上舆进园。只见园中香烟缭绕，花彩缤纷，处处灯光相映，时时细乐声喧，说不尽这太平气象，富贵风流。……忽又见执拂太监跪请登舟，贾妃乃下舆。只见清流一带，势如游龙，两边石栏上，皆系水晶玻璃各色风灯，点的如银花雪浪；上面柳杏诸树虽无花叶，然皆用通草绸绫纸绢依势作成，粘于枝上的，每一株悬灯数盏；更兼池中荷荇凫鹭之属，亦皆系螺蚌羽毛之类作就的。诸灯上下争辉，真系玻璃世界，珠宝乾坤。船上亦系各种精致盆景诸灯，珠帘绣幙，桂楫兰桡，自不必说。"真是金门玉户神仙府，桂殿兰宫妃子家。

一次是贾府自过元宵节，贾母在大花厅上摆了十来席酒，"两边大梁上，挂着一对联三聚五玻璃芙蓉彩穗灯。每一席前竖一柄漆干倒垂荷叶，叶上有烛信插着彩烛。这荷叶乃是錾珐琅的，活信可以扭转，如今皆将荷叶扭转向外，将灯影逼住全向外照，看戏分外真切。窗格门户一齐摘下，全挂彩穗各种宫灯。廊檐内外及两边游廊罩棚，将各色羊角、玻璃、戳纱、料丝，或绣，或画，或堆，或抠，或绢，或纸诸灯挂满"。

这诸般情形，可不是侯家灯火吗？贫家没有这许多陈设赏看，唯有抬头欣赏天上月。好在欣赏天上月有欣赏天上月的好处，虽是为柴米忧心，却不得经受大荣大辱，大喜大悲。一生散淡，也算积福。为人只要乐观，就各有各的好滋味。

第一四四则

颜鲁公《座位帖》①，古色在笔墨之外；米南宫《天马赋》②，新意在笔墨之内。二帖合看，可得形神之全，生熟之法。

【注释】

①颜鲁公：颜真卿（709—785)，唐朝书法家，字清臣，琅琊（今属山东）人。开元年间中进士，代宗时官至吏部尚书、太子太师，封鲁郡公，人称"颜鲁公"。颜真卿兼收篆隶和北魏笔意，完成了雄健、宽博的颜体楷书的创作，树立了唐朝的楷书典范。他的楷书一反初唐书风，行以篆籀之笔，化瘦硬为丰腴雄浑，结体宽博而气势恢宏，骨力遒劲而气概凛然。这种风格也体现了大唐帝国繁盛的风度，并与他高尚的人格契合，是书法美与人格美完美结合的范例。他的书体被称为"颜体"，与柳公权并称"颜柳"，有"颜筋柳骨"之誉。《座位帖》即《争座位帖》，又名《论座帖》，是颜真卿与郭仆射的书信稿，行草书。它与《祭侄文稿》《告伯父文稿》被命名为颜书三稿。米芾称曰："《争座位帖》有篆籀气，为颜书第一。字相连属，诡异飞动得于意外。"

②米南宫：米芾 (1051—1107)，北宋书法家、画家、书画理论家。与苏轼、黄庭坚、蔡襄并称"宋四家"。米芾曾任吏部员外郎，因吏部郎中又称南宫舍人，故名米南宫。米芾传世的书法墨迹有《向太后挽辞》《蜀素帖》《苕溪诗帖》《拜中岳命帖》《虹县诗卷》《多景楼诗帖》等。《天马赋》为米芾的行书珍品。

【译文】

颜真卿先生的《座位帖》，古人言貌气度全在笔墨之外；米芾先生的《天马赋》，种种新意都在笔墨之内。把两个帖子合起来研读，就可以对形神兼备、书法生涩圆熟的法则深有领略。

【评点】

书法本就很神奇。蔡邕得素书于石室之后，三日不食，大叫欲狂；钟繇见蔡邕书法之后会捶胸尽青，以至于吐血，并不惜盗人坟墓，得其墨宝；李阳冰和欧阳询不约而同地寝碑之下，流连忘返。李寝于《碧落碑》下，欧阳寝于索靖古碑下。

《争座位帖》《天马赋》都是书法艺术的精品。《争座位帖》是颜真卿行草书作，本为草稿，因不满权奸骄横而奋笔直书，不着意于笔墨而笔墨气势充沛，劲挺豁达，字里行间洋溢忠义之气，大有古人刚劲拓拔之风，读之令人肃然起敬。

米芾初师欧阳询、柳公权，后转师王羲之、王献之，《天马赋》意韵雄劲，被康熙誉为前无古人之作，自然是无限新意，笔墨淋漓。

第一四五则

"世间好话佛说尽"，妙法恐不可说，"尽"字有病；"天下名山僧僭①多"，高僧方许住得，"僭"字有趣。

【注释】

①僭 (jiàn)：窃据，占有。

【译文】

"世间好话佛说尽"，可是神妙的佛法恐怕是不可用言语说明的，所以"尽"字有谬误；"天下名山僧僭多"，而只有高僧，才有资格居住名山，所以这个"僭"字十分有趣。

【评点】

虽然说是"世间好话佛说尽"，佛法典籍也塞山填海，佛家言语总在耳边，无尽无休，可是真正精妙的佛法倒真的是不用语言文字的。佛祖传法最高境界，只不过是拈花一朵，大弟子迦叶破颜微笑，于是心法传承，禅宗诞生。这拈花一笑，不着一字，尽得风流。这个"尽"字，误解了佛门。

天下名山，确实佛寺居多，高僧大德自然也多。可是名山也不属僧家所有，谁让世人贪恋红尘，不肯寂寞修行呢？所以这个"僭"字，真是冤枉和尚了。

第一四六则

一帘喜色，无如①久雨初晴；四座愁颜，却为俗人深坐②。陈眉公欲以村居耐俗汉，真无可奈何之计也！

【注释】

①无如：不如。

②深坐：久坐。李白《怨情》诗："美人卷珠帘，深坐颦蛾眉。"

【译文】

眼前所见，晴朗无云，倒不如下很久的雨后，天初放晴的景致美丽；满座中人愁眉苦脸，却是因为一个俗人掺和其中，令人无可奈何。

陈继儒先生想要住在村里躲避俗人，真是无可奈何的办法啊！

【评点】

倘若日日响晴白日，艳阳也便不艳了；唯有久雨淫霖，一朝放晴，此刻的阳光，才是真的艳阳高照，人的心情也不由得雀跃起来，想高歌，想舞蹈，想奔跃，想欢笑。此刻本是好友欢聚，一帘喜色，却偏偏人们都高兴不起来，因为座中有一个俗客。这的确是教人愁眉不展的事。偏偏这个俗客又并不自以为俗，也丝毫不觉得气场和在座诸位不合，仍旧眉飞色舞，大发世间俗论，实在是令人宁愿躲去村居，好落一个耳根清净啊。

看来，做人还是要提升修养的好，起码不至于去人家做客惹人家生厌，自己不去人怕自己去，自己去了人愿自己走，自己走了人怕自己再去的好。

第一四七则

杜门①之法，只是下帏②；忘形③之交，唯有识性。

【注释】

①杜门：闭门。

②下帏：放下室内悬挂的帷幕。

③忘形：原指超然物外，忘了自己的形体，后形容过度高兴而失去常态。此处指朋友相处不拘形迹。

【译文】

闭门的方法，只要把帷幕放下就好；忘掉外在身份、地位的交往，只在于彼此的性情、志趣相通。

【评点】

想要闭门谢客也很简单，只要把帷幕放下就可以隔绝人来客往。虽然这样可以暂得清净，可是长久下去，却又令人难耐寂寞，想要有好友谈心。但是好友也不是那么易交的，唯有本性相近，才能互相吸引，彼此理解。这样的朋友不必多，有一两个也是幸福。有他在跟前，自己可以不必端正俨敬，只要随心即可。若是连这样的朋友也没有，只好寄情山水书卷，出门游历，闭户读书，也算不辜负情怀与光阴。

第一四八则

宇宙虽宽，世途渺于鸟道①；征逐日甚②，人情浮比鱼蛮③。

【注释】

①鸟道：形容山路狭窄，曲折而险峻。唐玄宗《早登太行山中言志》诗："火龙明鸟道，铁骑绕羊肠。"

②征逐：征：召唤；逐：追随。此处意指追名逐利。日甚：甚：加深，胜似。一天比一天厉害。形容事物发展的程度越来越加深或日渐严重。

③鱼蛮：亦作"鱼蛮子"，渔夫，渔民。苏轼《鱼蛮子》诗："人间行路难，踏地出赋租；不如鱼蛮子，驾浪浮空虚。"

【译文】

宇宙虽然宽广无垠，但人间道路却比山间的羊肠小径还要险绝；追名逐利的风气一天比一天厉害，人心世情就像渔民驾的小舟在海上漂荡不定。

【评点】

世路艰险，自一出生，即步步担惊。有冻馁死，有疾患死，有忧虑死，有惊吓死，有喜极死，有悲极死，有遭横死，有被赐死；有被劫、被偷、遭盗、遭抢之忧；有被小人陷害、被大人压制、被世人误解、被友朋背叛之恨；又想升官，想发财，想中举，想翻身；又贫穷、寒贱、卑下，求上进而无门。真是战战兢兢，如履薄冰。

这样的人世征逐，令人情日薄，人人心头长刺，眼里生针。浮游人海，真不如浮游大海；渔猎名利，真不如渔猎鱼虾。怪不得从古到今，有那么多觉醒的人离世避居，实在是现实世界压抑了精神世界，要想让精神自由呼吸，就要和现实拉开距离。

第一四九则

和神国①，地产大瓠②，瓠中皆五谷，不种而食；水泉皆如美酒，饮多不醉；气候常如深春，树木皆彩丝，可为衣，真仙境也。世之不耕而食，不织而衣，不酿而饮者，或从此国中来。切莫语自懒人，误他饥寒大事。

【注释】

①和神国：作者虚构的一个仙国。

②瓟：草本植物，夏天开花，其嫩果可做菜吃。又叫瓟瓜。此处指葫芦。

【译文】

和神国里出产一种大葫芦，葫芦里装满了五谷，可以不用耕种就有饭吃；泉水甘甜如同美酒，喝再多也不会醉倒；气候四季如春，树木都长着彩色丝线，可织衣服，真是人间仙境。世上那些不用耕种就能吃饱肚子，不用织布就能穿上衣服，不用酿酒就能畅饮的人，或许是从这个国家来的吧。切莫把这话告诉那懒惰的人，怕让他一味空想，耽误了他努力谋生以免饥寒的大事。

【评点】

作者此处玄想出的奇妙国度和里面的奇妙出产，实在是所有苦于生存的地球住民的终极梦想。敦煌有一首《驱傩词》，也记载了这样一番景象："谷秆大于牛腰，蔓菁贱于马齿。人无饥色，食加鱼味。有口则皆食葡萄，欢乐则无人不醉。"西方也有类似传说，据说很久很久以前，上帝造出人来，虽说把亚当夏娃逐出伊甸园，命令他们流汗才有饭吃，但到底对自己的造物心怀恩慈，命令地下的麦子长得如同一棵树似的，分出七股八叉，每一个枝头都有一个麦穗，于是天下万民不缺粮食。有一日上帝到人间巡行，考察民情，发现麦子烂倒在泥里，还有一个农妇居然用白面饼给孩子擦屁股。上帝一怒之下改了规矩，下令麦株从今以后只结一穗，且不时有风雹雷灾，水患火欺，惩罚这些不知惜福的凡间生灵，看他们还敢再糟蹋粮食！

说到底，再怎样畅想，也是空想，不如弯下身去，辛勤耕耘，土地不会负你，汗水不会负你。

第一五零则

凡天下可怜之人，皆不自怜之人，故曰无为人所怜；凡天下可爱之物，皆人所共爱之物，故曰不夺人所好。

【译文】

凡是天下那些可怜的人，都是不懂得自我怜惜的人，所以说宁可自爱，也不要让别人怜悯自己；凡是天下那些可爱的东西，都是人们都喜欢的东西，所以不要夺人所爱，收归己有。

【评点】

有一句话叫作"可怜之人必有可恨之处"，不无道理。纵然天灾人祸会把人置于可怜的境地，可是有的人在这样的境地仍能保持尊严，令人心生敬意，有的人却会丧失尊严，或是偷抢盗劫，或是一味乞怜，让人可怜之余，转觉可厌可恨。

现在贫富差距依然存在，贫困的人有的凭双手挣钱吃饭，有的人却一味等候救济。对于自强不息的人，我们在尊敬的同时，更要助他们一臂之力；对于一味等候施舍的人，我们在给他们钱物的同时，更要转变他们的观念，让他们认识到自救者人恒救之、天恒救之的道理。

又有一句话叫作"君子不夺人所好"，一个有修养的人，不能因为自己喜欢一样东西或者一个人，就要从别人那里夺取过来，据为己有，否则与强盗何异？汪曾祺的小说《八千岁》里，写了一个做旅长的，因为行事横蛮，人称"八舅太爷"，这个人贪得无厌，谁家有好字画古董，他就派人去，说是借去看两天，却有借无还。他有一匹乌骓马，请一个叫宋侉子的来给他看看，因为宋侉子也有一匹马，叫踢雪乌骓。宋侉子看过后对他说："旅长，你这不是真正的踢雪乌骓。真正的踢雪乌骓是只有四个蹄子的前面有一小块白；你这匹，四蹄以上一圈都是白的，这是踏雪乌骓。"八舅太爷听了很高兴，说："有道理！"接着又问，"你那匹是多少钱买的？"宋侉子就知道什么意思了：八舅太爷不是要他来相马，是叫他来进马了，只好忍痛把爱马送给了他。这个人就这样无耻，而历史上这样无耻的人还有许许多多，定要夺人所好，以遂己愿。还有历史上著名的特洛伊战争就是因为争夺世上最漂亮的女人海伦，以阿伽门农及阿喀琉斯为首的希腊军进攻以帕里斯及赫克托尔为首的特洛伊城，十年争战，生灵涂炭。

　　一个和平的世界，不应该是这样的。它应该是温柔、谦让、讲礼仪、有进退、知荣耻。

第一五一则

　　慧心人专用眼语①，浅衷者常以耳食②。

【注释】

　　①慧心：原指佛教用语，指能够领会佛理的心，现泛指智慧。眼语：以目传情、示意。此处指用眼睛观察世界。

②浅衷：微识，浅见。明·范濂《云间据目抄》卷四："赋役之事，余特记四十年以来因革损益之大端，及予一人之浅衷薄识已耳。"耳食：比喻不假思索，轻信所闻。《史记·六国年表序》："学者牵于所闻，见秦在帝位日浅，不察其终始，因举而笑之，不敢道，此与以耳食无异。"

【译文】

聪慧的人专门懂得用眼睛去细细观察；浅薄的人常常靠听来掌握世情。

【评点】

常言道"百闻不如一见"，又说"听说不如见过"，都在强调亲眼所见的重要性。亲眼所见的一手资料，比口口相传的二手、三手甚至无数手资料相比，自然更真实。据此得出的结论也更可靠。

《战国策·秦策》记载一个故事："昔者，曾子处费，费人有与曾子同名族者而杀人，人告曾子母曰：'曾参杀人。'曾子之母曰：'吾子不杀人。'织自若。有顷焉，人又曰：'曾参杀人。'其母尚织自若也。顷之，一人又告之曰：'曾参杀人。'其母惧，投杼逾墙而走。夫以曾参之贤与母之信也，而三人疑之，则慈母不能信也。"曾母相信自己的儿子没有杀人，而且也并没有亲眼见到儿子杀人，但是流言一再传来，她却不得不信，跳墙逃走。这个故事充分说明了耳闻之不真。

而且，再进一步讲，亲眼所见，就一定是真吗？也需要具体情况具体分析。所以在耳闻目睹一些事情之后，还需要冷静地思考，从而探究出真相。

第一五二则

汤若士《牡丹亭·序》①云："夫人之情，生而不可死，死而不可
生者，皆非情之至。"又云："事之所必无，安知情之所必有？""情"
之一字，遂足千古，宜为海内情至者惊服。

【注释】

①汤若士：汤显祖（1550—1616），明代戏曲作家。在中国和世界
文学史上有着重要的地位，被誉为"东方的莎士比亚"。字义仍，号海若，
又号若士，别署清远道人。临川（今属江西）人。代表作是《牡丹亭》（又
名《还魂记》），剧中歌颂青年男女大胆追求自由爱情，坚决反对压迫。
体现出追求内心精神的完全超脱、绝对自由的道家思想。它和《邯郸记》
《南柯记》《紫钗记》合称"玉茗堂四梦"（即"临川四梦"）。

【译文】

汤显祖在《牡丹亭·序》里说："夫人之情，生而不可死，死而
不可生者，皆非情之至。"又说："事之所必无，安知情之所必
有？""情"这个字，就被他点破要义，足以流传千古，天下崇尚爱
情的人都会惊叹佩服。

【评点】

《牡丹亭》是汤显祖的代表作，主人公杜丽娘，因爱而死，又因爱而生，她的爱浓烈、专一、痴情，真是天下第一痴女子。作者在该剧《题词》中有言："如杜丽娘者，乃可谓之有情人耳。情不知所起，一往而深。生者可以死，死可以生。生而不可与死，死而不可复生者，皆非情之至也。"

无独有偶。唐朝有一出传奇《离魂记》，作者陈玄佑。《离魂记》写张倩娘与表兄王宙从小相爱，倩娘父张镒竟以倩娘另许他人。倩娘抑郁成病，王宙要赴长安，与倩娘诀别。不料倩娘半夜追来船上，于是二人一起出走蜀地，同居五年，生有二子。后来倩娘思念父母，与王宙回家探望："既至，宙独身先镒家，首谢其事。镒曰：'倩娘病在闺中数年，何其诡说也！'宙曰：'见在舟中！'镒大惊，促使人验之。果见倩娘在船中，颜色怡畅，讯使者曰：'大人安否？'家人异之，疾走报镒。室中女闻，喜而起，饰妆更衣，笑而不语，出与相迎，翕然而合为一体，其衣裳皆重。"

这份感天动地的爱情，更甚于西方名剧《罗密欧与朱丽叶》，结局不是没有盼头的凄惨和绝望，而是如魔似幻的有情人终成眷属，真是让人由衷赞叹一句："情不知所起，一往而深。"

第一五三则

荀爽谒李膺，以得御为喜①；曹嵩迎赵咨，以不得见为天下笑②。识者鄙其声名之相取。夫声气相求③，不妨附丽④之迹。如必以孤立为高，德之有邻⑤，不几⑥虚语。顾其所御所见之人何如耳。

【注释】

①"荀爽"两句：荀爽，字慈明，东汉颖阴（今河南许昌）人。荀氏为颖阴望族。荀爽兄弟八人俱有才名，当时被人称为"荀氏八龙"。荀爽才学数第一。李膺（110—168），字符礼，颖川襄城（今河南襄城）人。举孝廉，历任青州等地太守，转乌桓校尉，征度辽将军。后为河南尹，与太学生郭泰等交游，反对宦官专擅，纠劾奸佞。在太学生的心目中，他是"天下楷模"，凡受到他的赏识，皆被誉之为"登龙门"。御，驾驶车马。《后汉书•党锢列传》曰："荀爽尝就谒膺，因为其御，既还，喜曰：'今日乃得御李君矣。'其见慕如此。"

②"曹嵩"两句：曹嵩，字巨高，沛国谯郡（今安徽亳州）人。曹操生父。灵帝时任大司农、大鸿胪、太尉等职，位高权重。曹丕称帝后，追尊其为太皇帝。赵咨，字文楚。少年丧父，有孝行。及长为官，清廉为人称道。《后汉书•赵咨列传》载，赵咨任敦煌太守时，曾举荐曹嵩为孝廉。后赵咨任东海相，路经荥阳，当时曹嵩正在荥阳令任上，闻讯前往迎接。赵咨却没有停留，等曹嵩赶到，赵咨已经走远。曹嵩对下属说："赵君名重，今过界不见，必为天下笑！"于是"即弃印绶，追至东海。谒咨毕，辞归家"。

③声气相求：指志同道合，意气相投。明•冯梦龙《警世通言•俞伯牙摔琴谢知音》："腹心相照者，谓之知心；声气相求者，谓之知音。"

④附丽：附着；依附。《文选•左思》："而子大夫之贤者，尚弗曾庶翼等威，附丽皇极。"

⑤德之有邻：有道德的人一定会有志同道合的人来和他相伴。语出《论语里仁》："德不孤，必有邻。"

⑥不几：难道不是。几，通"岂"。《闲情偶寄》："使与不费

辛勤之牡丹、芍药齐观等视，不几恩怨不分，而公私少辨乎？"

【译文】

荀爽拜见李膺，因为能够替李膺驾车而高兴；曹嵩去迎接赵咨，因为没有见到赵咨而担心被天下人嘲笑。有的人就鄙薄他二人是想要借别人的声望名气来抬高自己。可是人与人之间，志同道合，意气相投，就算有依附名人的嫌疑，又有什么呢？如若一定觉得只有清高孤傲才算最好的做法，那"德不孤，必有邻"的话，不就成了虚言了吗？（不在荀爽赶车、曹嵩拜见的这种行为），而要看他们替赶车、去迎接的是什么样的人。

【评点】

做人过于清高孤傲确实不好，所以不必为了标榜自己品性高洁而把比自己地位高的人拒之门外，也不必为了显示自己孤标傲世而不肯结交朋友。只要自己结交的是同样操行好、志趣高、性情洁的人，管别人怎么看，自己心里是满足的就行了，那么人生在世，就有了知音。

第一五四则

客曰："山水花月之际看美人，更觉多韵，是美人借韵于山水花月也。"余曰："山水花月直借美人生韵耳。"

【译文】

有客人说:"在欣赏山水花月的时候欣赏美人,更觉得美人多几分韵致,原来是美人借了山水花月的风韵。"我说:"山水花月是借了美人的韵致而添加了风韵。"

【评点】

无论是朋友说的美人向山水花月借韵,还是山水花月向美人借韵,都不如它们分开时各有各的风韵,在一起时彼此助长风韵。就像著名的长诗《春江花月夜》,我们通常解读为春天的江水,有花有月的夜晚,这样一来,则是春为江水增色,花月为夜晚增色。而著名学者蒋勋却解读为春、江、花、月、夜,这样一来,则春天就是春天,江水就是江水,花就是花,月就是月,夜就是夜。它们各自独立,而又彼此组合,各有风韵,又相合为惊人的美丽。这样难道不是更好吗?

第一五五则

多情者不可与定媸妍①;多谊者不可与定取与;多气者不可与定雌雄②;多兴者不可与定去住;多酣者不可与定是非。

【注释】

①媸(chi):丑陋。与"妍"相对。

②雌雄:比喻胜负、强弱、高下。

【译文】

和多情的人不能品评女子美丑，和滥交朋友的人不能确定交友标准，和好胜心强的人不能争论胜负，和兴致高昂的人不能确定在哪里去留，和迷糊的人不能确定事情的错与对。

【评点】

世上好色者，据说莫如登徒子。其人见于战国时楚国宋玉写的《登徒子好色赋》，赋中内容是登徒子对楚王说宋玉长得俊俏，又好色，不要让他出入后宫。楚王召宋玉质问，宋玉分辩说我的容貌是上天所给，而我自己并不好色。因为东邻有女，姿容绝代，时常勾引我，我却不为所动。真正好色的却是登徒子，他的妻子长得头发乱、耳朵斜，嘴唇裂、牙齿缺，走起路来，弯着腰、一瘸一拐的，而且满身癞疥，还患着严重的痔疮。而登徒大夫却很喜欢她，已经同她生了五个孩子。

从此"登徒子"之名流传久远，一直到今天。也是，若不是好色到如此地步，怎么会分辨不出美丑呢？而他的好色，也就是多情，天下女子无有美丑之分，都是天仙一般的美人。这样的人，确实不能让他品评女子容貌的美丑，否则东施也是西施，钟无艳又类同貂蝉。

至于爱交朋友到泛滥成灾，四海之内皆兄弟的人，也确实不能同他们讲什么是真朋友、什么是假朋友，什么是直友、什么是谅友，什么是诤友、什么是损友。因为在他们的眼里，无论亲朋好友，还是狐朋狗友，都有一席之地。好像他们的生存意义，就是和所有的人称兄道弟，哪怕所交朋友良莠不齐也在所不惜。

好胜心强是好事，可以令人做事有激情，易成功；可是若是太强，则又成了凡事必争一个胜负输赢，若是输了又不肯认输，想办法也要扳回一城；若是赢了又扬扬得意，嘴脸令人厌恶。这样的人，并不会顾全大局，顾及后果，只想方设法占上风，不但于事无益，反而惹出祸来。所以遇到这样的人，宁可认输，退避为妙。

兴致高昂的人，到哪里都会流连忘返，又会兴之所至，想去哪里就去哪里。和他们探讨到哪里宜行，到哪里宜止，是没有用的，他们的心如风中柳絮，上下翻飞，连自己都做不得准数哩。

酣痴迷糊的人，你又不能和他们讲谁错谁对，因为在他们的心里，既没有行事做人的标准，又没有谁错谁对的概念。可是偏偏这样的人又不能从善如流，而大多牛性固执，和他们争论能把人气得要死。

所以说，多情是好事，但是不可滥情；爱交朋友是好事，但是不可滥交；好胜心强是好事，但是不可过强；兴致高昂是好事，但是不可过高；难得糊涂是好事，但是不能太痴。

第一五六则

世情熟，则人情易流①；世情疏，则交情易阻。甚矣处世之难。

【注释】
①流：此处指虚浮，流于表面。

【译文】
老于人情世故，待人接物就会变得流于虚浮；拙于人情世故，待人接物就生涩不堪。为人处世，真是太难了。

【评点】

孔子有一句话："唯女子与小人为难养也，近之则不逊，远之则怨。"其实，岂止女子与小人如此，世人都是如此。若是相交过熟，不分彼此，则易流于虚浮油滑，且又因为距离过近而难免有求全之毁，不虞之隙。若是相交生涩，又左也不是，右也不是，说句话也要三思，做件事也生恐有失分寸，耗费大量精力去战战兢兢处关系。处世的难处就在于此。人类是群居动物，自然性是自己的天性，而社会性则是后天修炼的与人相处的技巧与能力。在人类社会里坚持自然性不易，在人群中修炼周到圆熟的社会性也不易。

在这种情况下，还是遵从内心的声音：想要做一个舒畅自在的人，就不去过分看重人际关系，而与蓝天白云、皓月清波为友；想要做一个应候周到、处处受人欢迎的人，就磨炼自己的交际能力，精诚所至，金石为开。

第一五七则

赵州和尚①提刀，达摩祖师②面壁。总之一样法门③，工夫各自下手。

【注释】

①赵州和尚：即赵州禅师（778—897），法号从谂，是禅宗史上一位震古烁今的大师。他幼年出家，后得法于南泉普愿禅师，为禅宗六祖惠能大师之后的第四代传人。唐大中十一年（857），八十高龄的从谂禅师行脚至赵州，受信众敦请驻锡观音院，弘法传禅达40年，僧

俗共仰，为丛林模范，人称"赵州古佛"。其证悟渊深、年高德劭，享誉南北禅林，并称"南有雪峰，北有赵州"，"赵州眼光烁破天下"。赵州禅师住世120年，圆寂后，寺内建塔供奉衣钵和舍利，谥号"真际禅师"。

②达摩：(？－536，一说528)，天竺僧人，禅宗鼻祖。是把禅学带入中土的第一人。他为弘扬佛法东渡震旦历尽艰辛，正逢南北朝动乱时代，后在少林寺后山面壁九年得悟大道，并且在少林寺传授武学，以武参禅，达摩祖师曾一苇渡江的故事在民间广为流传。其经历充满传奇性和戏剧性。

③法门：佛教语。指修行者入道的门径。亦泛指佛门。《法华经序品》："以种种法门，宣示于佛道。"

【译文】

赵州和尚提刀横行，达摩祖师面壁九年，总归是一样的佛门法理，只是修持的方法各自不同。

【评点】

赵州和尚，晚唐高僧，驻锡赵州观音院（今赵县柏林寺）四十年，弘扬佛法。《古尊宿语录》《五灯会元》等佛教典籍又录赵州和尚一公案：

师问二新道："上座曾到此间否？"云："不曾到。"师云："吃茶去！"又问那一人："曾到此间否？"云："曾到。"师云："吃茶去！"院主问："和尚，不曾到，教伊吃茶去，即且置；曾到，为什么教伊吃茶去？"师云："院主。"院主应诺。师云："吃茶去！"

这个公案流传久远，人们同样解说纷纭。不过以寻常吃茶入手，去了解佛法大意，即从日常柴米油盐入手，踏实修行是一个道理。佛义禅理不在别处，只在日常行住坐卧。

菩提达摩，禅宗第二十八祖，中国禅宗的初祖，于南朝梁武帝时期航海到广州，面见梁武帝，二人言谈不契，达摩一苇渡江，北上洛阳，后住嵩山少林寺，面壁九年，传衣钵于慧可，是为禅宗二祖。此后禅宗代代传承，赵州和尚即为著名一禅僧。

禅宗讲究直指人心，见性成佛。虽然参禅的方式多种多样，但是最终都是以脱离俗情，得见本心为宗旨。哪怕一介俗人，若是一朝勘破迷情，明了人的本性和来此世界的初心，也便是佛了。

第一五八则

同气之求，惟刺平原①于锦绣；同声之应，徒铸子期②以黄金。

【注释】

①平原：平原君（？－前251）赵国贵族，即赵胜。赵武灵王之子，惠文王之弟。因贤能而闻名。与孟尝君田文、信陵君魏无忌、春申君黄歇并称"战国四公子"。

②子期：钟子期，春秋楚人。史载俞伯牙鼓琴于汉江之滨，子期闻声叹曰："巍巍乎若高山，荡荡乎若流水。"两人遂成至交。子期死后，伯牙以世无知音，终身不再鼓琴。事载《吕氏春秋·本味》。

【译文】

寻找志趣相投的人而不可得，只好在锦缎上绣上平原君的肖像；追求心意相通的知己而不可得，就算把钟子期的塑像用黄金铸成也没用。

【评点】

林中飞鸟，鸣声相应，飞舞相和，人生在世，也愿如飞鸟，只是每个人都是孤独的，不是每个人都有此幸运，可以像鲍叔牙之有管仲相知，俞伯牙之有钟子期相知。如果没有的话，那便以琴棋书画为友，以诗酒花为友吧，庶几不失美的真味。

第一五九则

鱼豕之误①，非独残断者难辨；校雠②之苦，若非忍耐者不堪。

【注释】

①鱼豕之误：即鲁鱼亥豕，把"鲁"字错成"鱼"字，把"亥"字错成"豕"字。指书籍在撰写或刻印过程中的文字错误。现多指书写错误，或不经意间犯的错误。

②校雠 (chóu)：校雠形成理论，作为一项独立的学问，始于西汉。根据《文选·魏都赋》李善注引《风俗通义》："按刘向《别录》：'雠校，一人读书，校其上下，得谬误为校。一人持本，一人读书，若冤家相对。'"由此可见，"雠"是核对之意。梁代以后校雠亦称"校勘"，指同一本书用不同版本相互核对，比勘其文字、篇章的异同，以校正讹误。

【译文】

把"鲁"字错当成"鱼"字，把"亥"字错当成"豕"，这样的字并不只是在残简断章中难以辨认；校勘古籍的辛苦，如果没有超强的耐性就难以忍受。

【评点】

沉湎故纸堆中，校勘古籍，虽然远离尘世热闹，可是既不清雅，又没有什么吸引力。只有能够安于寂寞的人，才能做这样一份低调浑厚、枯燥粗涩的工作，在鲁鱼亥豕之间努力分辨，以使记载在纸上的文明代代传承。这份精神，值得敬仰。

第一六零则

名病太高，才忌太露。自古为然，于今为甚。

【译文】

名气害怕太高，才气忌讳太露。自古就是这样，在今天更加突出。

【评点】

古人有云："木秀于林，风必摧之，堆出于岸，流必湍之；行高于人，众必非之。"生活在人群中，低调是必须的，否则必定会引人注目，被人艳羡的同时也遭人嫉妒，屡被诟病。一旦失势，人们蜂拥而至，口唾脚踩，必将其置于死地而后快。

可惜盛名之下，许多人都被冲昏头脑，昏昏然，陶陶然。才高之下，许多人又以为自己前无古人，后无来者，尾巴撅得太高。于是历代以来，栽在盛名高才之下的人，塞山填海。思之怎能不令人生警惕之心呢？所以，还是以低调自警吧。

第一六一则

李卓吾①随口利牙，不顾天荒地老；屠纬真②翻肠倒肚，那③管鬼哭神愁。

【注释】

①李卓吾：李贽（1527—1602），字宏甫，号卓吾，又号温陵居士，世称李卓吾。明代后期杰出思想家、史学家、哲学家。

②屠纬真：屠隆（1541—1605），字长卿，又字纬真，号赤水，别号由拳山人、一衲道人，蓬莱仙客，晚年又号鸿苞居士。鄞县（今属浙江）人。明代戏曲家、文学家。

③那：通"哪"。

【译文】

李卓吾讲话犀利，指斥古今，也不怕惊动天地；屠纬真呕心沥血，著述作文，哪里管鬼哭神愁。

【评点】

李贽认为孔子并非圣人，人人都是圣人，又何必一定要去学孔子？如果一定要将孔子奉为偶像，言行举动都学孔子，那就是"丑妇之贱态"（《焚书·何心隐论》）。他认为不能将孔孟学说当作教条而随便套用。他对孔孟之道的批判令统治阶级和卫道士们对他恨之入骨。

他又同情妇女，说："不可止以妇人之见为见短也。故谓人有男女则可，谓见有男女岂可乎？谓见有长短则可，谓男子之见尽长，女子之见尽短，又岂可乎？设使女人其身而男子其见，乐闻正论而知俗语之不足听，乐学出世而知浮世之不足恋，则恐当世男子视之，皆当羞愧流汗，不敢出声矣。"又令大男子主义者对他恨之入骨。

他对统治阶级鱼肉百姓的暴行无情揭露，说当权官吏是"冠裳而吃人"的虎狼，"昔日虎伏草，今日虎坐衙。大则吞人畜，小不遗鱼虾"（《焚书·封使君》），令官府对他恨之入骨。

他主张个性解放，思想自由；提倡人类平等；反对封建礼教；反对理学空谈；提倡"至道无为、至治无声、至教无言"。

他对封建的男尊女卑、假道学、社会腐败、贪官污吏，大加痛斥批判，主张"革故鼎新"，反对思想禁锢。

这样的人，确实是随口利牙，直抒胸臆，不顾后果。他的著作虽多次遭禁遭焚，仍流传至今。

屠隆为官清正，关心民生。后纵情诗酒，被劾罢职后回乡，卖文为生，潜心创作戏曲诗词。他作诗重性情，"只求自得，不必袭古"。善作长诗，谈笑间数百言脱口而出。《明史》载其"落笔数千言立就"，著有《昙花记》《修文记》《彩毫记》《鸿苞集》《白榆集》《由权集》《金鱼品》等作品。

此二人或传播思想秉笔直书，或创作诗文呕心沥血，都到了不管天地鬼神的地步，真可以称得上"痴"。这种痴忠实性灵，造福后人，值得我们学习。

第一六二则

王百谷云："余钱但买书。"若待余钱，则天下目枯久矣。予且移待之举火之钱^①，纳之书肆^②。尝曰："移钱且买书。"

【注释】

①举火之钱：日常生活的用度。举火，生火做饭。移：挪用。

②书肆：旧时汉族民间出售书籍的店铺或市场。亦指售书行业集中的店铺和街市。最早始于汉代。

【译文】

王百谷说："余钱但买书。"可是如果要等有了余钱再买书，那天下人眼目枯干就太久了，我还是把等着生火做饭的钱移来送到书铺为好。我曾经说过："移钱且买书。"

【评点】

现在休闲方式多样，读书的时间就少，心也变得浮躁。莫说把生火做饭的钱移来买书，就是把闲余的钱买书的人都很少。也有的人说：我终日都接触文字，一天总得接触几千字，算下来我一年的阅读量也不少，怎么能说我不读书呢？可是读书账不是这样算的。就算你整天在QQ、微信上和人聊天，字幕滚动不止，这些字绝大多数都是没有意义的。还有路旁无孔不入的广告牌，浏览网页时密密麻麻的文字，

259

都是羽量级的，基本上没有用处。

我们读书，是为了增长知识，扩张见闻，吸收思想营养，甚至可以依此构建自己的思想体系。而这些目的，极少能通过这些途径达到。要想做一个有见识、有思想、独立而深刻的人，还是非得读书。哪怕读到后来，根本不需要皇皇文字，就像佛祖的只凭拈一枝花，就能够传承一脉心法，这一路走来，还是非有书相伴不可。它们扶你走路，领你前行，一直到你足够强大，可以把它们全都付之一炬。

整个世界都喧嚣浮躁，每个人都争着发出声音，却无甚见地，只是噪声。当此之时，愈发需要强调读书的重要性，一片静谧中翻动书页的声音，才会拉拽社会免于沉沦。

第一六三则

文房①供具，借以快目适玩。铺叠如市，颇损雅趣。其妆点之法，要如袁石公瓶花，罗罗清疏，方能得致。

【注释】

①文房：书房。

【译文】

书房里摆放的供具，可以使人感觉清雅趣致，可是如果堆叠得到处都是，那就对于清幽雅致的情趣有损。供具妆点书房的方法，要像袁石公的瓶花一样，清疏有致，才得真趣。

莫说是文房供具需要妆点得趣，凡事凡物妆点都要有度，否则就会过犹不及。在 20 世纪 80 年代，有一部分人先富裕起来，为了显示家道丰富，戴满手的金戒指，挂手指粗的金项链，怎一个俗字了得。妆点之法，如同插花，宜高低映衬，繁简得宜。

第一六四则

嵇叔夜眼易青白①。世人面孔，殆②有甚焉。然名节义气之见于色也，不失本来面目。一至利争，匪兕匪虎③，不顾当者立毙。故君子当以行云流水之澹衷，储为和风甘雨之气色。

【注释】

①"嵇叔夜"句：嵇叔夜，即嵇康，字叔夜。《晋书·阮籍传》载："籍又能为青白眼，见礼俗之士，以白眼对之。及嵇喜来吊，籍作白眼，喜不怿而退；喜弟康闻之，乃赍酒挟琴造焉，籍大悦，乃见青眼。"文中嵇叔夜应为阮籍之误。

②殆：大概，几乎。

③匪兕 (sì) 匪虎：语出《诗经·小雅》："匪兕匪虎，率彼旷野。哀我征夫，朝夕不暇。"匪，同"非"。兕，犀牛。楚王听说孔子一行在陈蔡之间，就派人去聘请孔子。消息传到陈、蔡，两国大夫深恐孔子入楚对己不利，便派兵拦截。孔子师徒最初不了解陈、蔡派兵的意图，为躲避军兵的袭扰，他们只好在旷野中行进，不料陷入了绝粮

的境地。"孔子知弟子有愠心，乃召子路而问曰：'《诗》云：匪兕匪虎，率彼旷野。吾道非邪？吾何为于此？'"意思是："我不是犀牛老虎那样的野兽，为什么沦落到在野外游荡的境地？"

【译文】

嵇康（实际上应是阮籍）的眼睛可以变换青眼和白眼，可是世人的脸孔变换起来比他更厉害。如果是正义的气节表现在脸上，还算不失人的本来面目。一旦牵涉到利益纷争，马上鼻子不是鼻子脸不是脸，像牛像虎又非牛非虎，哪里管你立马被吓而死。所以身为君子，应当怀抱行云流水一般的淡泊心境，以此显示为和风细雨的平和气息。

【评点】

世人确实很厉害，人性确实很复杂。一张脸七彩纷呈，这一刻是喜，下一刻便是怒，更可笑是怒中有喜，更可怕是喜中藏怒。平时还一派祥和，一旦利字当头，马上蜂拥争抢，口水骂战都是小事，舞棍弄棒一试身手也不鲜见，更有那脸上一盆火，内里一把刀，明着伸援手，暗里使绊子，又是什么借刀杀人，站干岸，油瓶倒了不扶，真的是全挂子的武艺。面对世相，你能让一个品行端方的君子怎么办呢？打又打不过，也不屑于打；骂也骂不过，也不屑于骂；陷害人也不会，也不屑于去陷害，坑蒙拐骗一概不会，只能是看淡得失了——毕竟失比得多，若非心境淡泊，岂不是要活活气死吗？好在一旦修炼得心境淡泊，看淡得失，反而会发现天地广阔，这些蝇头小利实在不值得争夺，整个人的境界又高一层了。

第一六五则

绝好看的戏场姊妹们变脸；最可笑的世事朋友家结盟。

【译文】

世间最好看的戏莫过于亲生姊妹之间翻脸成仇；最可笑的世事是朋友之间发誓结盟。

【评点】

亲生姐妹本应同气连枝，却多的是翻脸成仇，让世人看不尽的大戏，嚼说不完的笑话。也不能说都是利益之争，但是利益之争却占了很大一部分比重，新闻时常见亲姐妹因房产、因借贷、因生意对簿公堂事，令父母多么寒心——不过如今儿女与父母对簿公堂事也屡见不鲜，也多是利益之争：或是不肯赡养，或是想争财产，或是想赶逐老人，霸占房屋，如此种种，不一而足。倒是那没有血缘关系的人，情分当头，不计利害，更温暖。

至于朋友之间，结拜为异性兄弟，不讲同年同月同日生，只求同年同月同日死，可是朋友间反目成仇，甚至刀剑相向的，又有几多？更有那一等的黑心人，讲究什么"朋友就是用来出卖的"，从背后捅刀子毫无愧色，扬扬得意，更是令人对人性的黑暗心生绝望。倒是那淡如水的君子之交，义字当头，不计生死，更久长。

第一六六则

《鹤林》[1]云："绘雪者不能绘其清；绘月者不能绘其明；绘花者不能绘其馨；绘泉者不能绘其声；绘人者不能绘其情。"夫丹青图画，元依形似，而文字模拟，足传神情。即情之最隐最微，一经笔舌[2]，描写殆尽。吾且试描之以笔舌。

【注释】

①《鹤林》：即《鹤林玉露》，笔记集。此书分甲、乙、丙三编，共十八卷。半数以上评述前代及宋朝诗文，记述宋朝文人逸事，有文学史料价值。作者罗大经（1196—1242)，字景纶，号儒林，又号鹤林。宝庆二年（1226 年）进士，历仕容州法曹、辰州判官、抚州推官。

②笔舌：泛指文章和言论。汉·扬雄《法言问道》："孰有书不由笔，言不由舌？吾见天常为帝王之笔舌也。"

【译文】

《鹤林玉露》中说道："绘雪者不能绘其清；绘月者不能绘其明；绘花者不能绘其馨；绘泉者不能绘其声；绘人者不能绘其情。"颜色图画原本就只是画出它的形体相似，而文字的表述却足以描摹出传神的神情。就算是感情中最隐微的地方，一经以笔作舌描摹述说，也就能够描写得淋漓尽致。且让我试着用纸笔来描述事物吧。

【评点】

胡兰成在《今生今世》里说："桃花难画，因要画得它静。"其实，不只是桃花难画，想要把实物展现在画布上，向来是难的。梨花也难画，苹果花也难画，鸟儿、鱼儿、虫儿，都难画，老虎也难画，要不然怎么会有"画龙画虎难画骨"一说呢？世人都说毛延寿是因为王昭君不肯向他行贿，所以他故意在画布上丑化昭君，可是王安石却作诗《明妃曲》，道："明妃初出汉宫时，泪湿春风鬓脚垂。低徊顾影无颜色，尚得君王不自持。归来却怪丹青手，入眼平生几曾有；意态由来画不成，当时枉杀毛延寿。"可见就算画工想要画好，也是难的。相对而言，语言虽不能似画笔的笔笔尽描，却尽可以将其人其物的神韵摹之状之，引人思之而神往之。雪之清有"林表明霁色，城中增暮寒"。月之明有"床前明月光，疑是地上霜"。花之馨有"墙角数枝梅，凌寒独自开。遥知不是雪，为有暗香来"。泉之声有"间关莺语花底滑，幽咽流泉水下难"。人之情有"关关雎鸠，在河之洲。窈窕淑女，君子好逑。参差荇菜，左右流之。窈窕淑女，寤寐求之。求之不得，寤寐思服。悠哉悠哉，辗转反侧"。这样看来，以纸笔摹情状物，更能索微探幽，烛照世情。

第一六七则

前辈有云："读诸葛武侯《出师表》[①]而不堕泪者，其人必不忠。读李令伯《陈情表》[②]而不堕泪者，其人必不孝。读韩退之《祭十二郎文》[③]而不堕泪者，其人必不友。"夫如此才为真读书。今人非不日读可涕可泪之书，且看何人堕泪，固知忠孝友道之难。

【注释】

①诸葛武侯：诸葛亮（181—234），字孔明，号卧龙，汉族，徐州琅琊阳都(今山东临沂市沂南县)人，三国时期蜀汉丞相，杰出的政治家、军事家、散文家、书法家、发明家。在世时被封为武乡侯，死后追谥忠武侯，东晋政权因其军事才能特追封他为武兴王。其散文代表作有《出师表》《诫子书》等。曾发明木牛流马、孔明灯等，并改造连弩，叫作诸葛连弩，可一弩十矢俱发。于建兴十二年（234）在五丈原（今宝鸡岐山境内）逝世。刘禅追谥其为忠武侯，故后世常以武侯、诸葛武侯尊称诸葛亮。诸葛亮一生"鞠躬尽瘁、死而后已"，是中国传统文化中忠臣与智者的代表人物。《出师表》是诸葛亮在北伐中原之前给后主刘禅上书的表文，阐述了北伐的必要性以及对后主刘禅治国寄予的期望，言辞恳切，写出了诸葛亮的一片忠诚之心。

②李令伯：李密（224—287），又名虔，字令伯。初仕蜀汉，为尚书郎。蜀亡，晋武帝司马炎征其为太子洗马。他以祖母刘氏年老病笃为由辞谢。刘氏故后才仕晋，初为温县县令，后为汉中太守。有才辩，以文学见称。《陈情表》为李密写给晋武帝的奏章。文章叙述祖母抚育自己的大恩，以及自己应该报养祖母的大义；除了感谢朝廷的知遇之恩以外，又倾诉自己不能从命的苦衷，真情流露，委婉畅达。该文被认定为中国文学史上抒情文的代表作之一。

③韩退之：韩愈（768—824），字退之。唐朝文学家、哲学家、思想家。《祭十二郎文》是韩愈的一篇对其侄十二郎的祭文。文章既没有铺排，也没有张扬，作者善于融抒情于叙事之中，在对身世、家常、生活遭际朴实的叙述中，表现出对兄嫂及侄儿深切的怀念和痛惜，一往情深，感人肺腑。

【译文】

前辈的人有这样的说法："读诸葛武侯《出师表》而不堕泪者，其人必不忠。读李令伯《陈情表》而不堕泪者，其人必不孝。读韩退之《祭十二郎文》而不堕泪者，其人必不友。"像这样的读法才是真读书。如今的人并不是说天天读不到可使人下泪悲泣的作品，但是你看还有什么人下泪呢？由此可以知道忠义孝道友爱的难得。

【评点】

东汉末年，群雄争雄，刘备三顾茅庐，请诸葛亮出山。诸葛亮殚精竭虑，刘备死后，他继承先主遗志，要带兵出征，临行向后主刘禅上表，情意拳拳，一片忠心昭日月：

"臣本布衣，躬耕于南阳……先帝知臣谨慎，故临崩寄臣以大事也。受命以来，夙夜忧叹，恐托付不效，以伤先帝之明；故五月渡泸，深入不毛。今南方已定，兵甲已足，当奖率三军，北定中原，庶竭驽钝，攘除奸凶，兴复汉室，还于旧都。此臣所以报先帝而忠陛下之职分也……今当远离，临表涕零，不知所言。"

西晋时，晋武帝征召李密为太子洗马，李密上《陈情表》请辞，表中叙述父死母嫁，祖母抚养自己的大恩以及自己理应孝养祖母的真情："……刘（注：李密祖母刘氏）日薄西山，气息奄奄，人命危浅，朝不虑夕。臣无祖母，无以至今日，祖母无臣，无以终余年。母、孙二人，更相为命，是以区区不能废远。"这一篇《陈情表》，一片孝心感动天地。

唐朝文学家韩愈少孤，依靠兄嫂抚养，和侄十二郎虽名为叔侄，实则一同长大，亲如兄弟。长大后各自飘零，聚少离多。十二郎先自己而死。韩愈悲痛作《祭十二郎文》："呜呼！汝病吾不知时，汝殁吾不知日，生不能相养于共居，殁不得抚汝以尽哀，敛不凭其棺，窆不临其穴。吾行负神明而使汝夭，不孝不慈，而不能与汝相养以生，相守以死；一在天之涯，一在地之角，生而影不与吾形相依，死而魂不与吾梦相接，吾实为之，其又何尤！彼苍者天，曷其有极！自今已往，吾其无意于人世矣！当求数顷之田于伊颍之上，以待余年，教吾子与汝子幸其成，长吾女与汝女，待其嫁，如此而已！

"呜呼，言有穷而情不可终，汝其知也邪？其不知也邪？呜呼哀哉，尚飨。"

这一篇《祭十二郎文》，一往情深。

这三篇文章，都出自至诚，可动天地，光耀千古。若读者不能从这些作品里汲取精神力量，洗涤精神污垢，洁净灵魂，也真是可惜之至，为人迟钝粗糙如此，也真是可怜之至。

第一六八则

效大用者不妨小试其才。百里奚饭牛而牛肥①，卜式牧羊而羊息②，其受知于秦穆公③，受知于汉武帝④，固皆以鄙事⑤托基⑥也。

【注释】

①"百里奚"句：百里奚，亦称百里子或百里，姓百里，名奚。春秋时楚国宛（今河南南阳）人，也有人说是虞国（今山西平陆北）人。生卒年不详，秦穆公时贤臣，著名的政治家。百里奚未到秦国之前曾浪迹于列国，周王子頹喜爱牛，百里奚就为他养牛。欲将此作为进身之阶。饭牛，喂牛。

②"卜式"句：卜式，西汉官吏。年轻的时候以田畜为业，发家致富。

武帝时匈奴屡犯边，他上书朝廷，愿以家财之半捐公助边。帝欲授以官职，辞而不受。又以二十万钱救济家乡贫民。朝廷闻其慷慨爱施，赏以重金，召拜为中郎，布告天下。他以赏金悉助府库；身为中郎，仍布衣为皇家牧羊于山中。武帝试令其治县，有政绩，赐爵关内侯。元鼎中，官至御史大夫。后因反对盐铁官营，又兼不习文章，贬为太子太傅。

③秦穆公：（？—前621），春秋时代秦国国君。嬴姓，名任好。在位三十九年。谥号穆。在部分史料中被认定为春秋五霸之一。

④汉武帝：（前157—前87），刘彻，在位五十四年。雄才大略、文治武功使汉朝成为当时世界上最强大的国家。

⑤鄙事：微贱的事。

⑥托基：可资依托的根基。

【译文】

想要对一个人委以大任，不妨在小的地方试验他的才能。百里奚喂牛而牛肥壮，卜式放羊而羊繁殖，他们一个被秦穆公重用，一个被汉武帝重用，都是因为在小事上筑好了根基。

【评点】

古人云"一屋不扫何以扫天下"，又说"见微知著"。小事懒散，大事就很难勤谨；小事粗疏，大事就很难精细；小事庸懦，大事怎么能做正确的决断呢？做事如吃饭，要一小口一小口地吃，从小事入手，才能干得成大事。

大约二十年前，我在一所乡下中学教书。有两个学生给我印象很深刻。

一个男生，不爱说话，看起来笨笨的。一根柳树枝儿挡在他的眼前，他轻轻拈起来，放到身后，一片柳叶、一茎柳毛都不会伤到——我当即决定把副班长的位置交给他坐。一个班的副班长，往大了说，其实就是一个国家中总理的角色，事无巨细，都要求两个字：妥帖。这孩子别的本事我不敢说，这点绝对错不了。事实证明，他也确实干得有声有色，因为他永远都是把工作战战兢兢地捧在手心里的，就像捧着枚脆薄的鸟蛋似的，生怕用劲儿大了，磕了，用劲儿错了，摔了。

一个女生。很聪明，但是干什么事吊儿郎当的，总能找到一百条借口往后拖。

有一次，我给两个人同时布置任务：每个人给我交两篇作文，我要拿去代表学校参加省级学生作文竞赛。结果男生的作文很准时地交上来，用那种白报本，在页面上按五分之三和五分之二的分界画了一道竖线，左边是他的作文，右边是空白，备我随时批注。很干净，很漂亮。

而最后时限都过去两天了，女生才把作文交到我手上，是那种潦潦草草的急就章，上顶天下立地，跟下斜雨似的，别说我批改了，遍纸泥泞，连下脚的地方都没有。我的脸黑了：这几天干吗了？她就红了脸笑：她们找我玩……我无力地挥挥手，打发她走。

许多年后，一群学生来看我，那个男生也来了，他已经是一所市重点学校年轻有为的副校长，沉稳细致的作风一直没变，只是风度俨然。女生没来，她本是一所名不见经传的普通学校的普通老师，而且刚刚被"踢"到一所更边远的学校去，正忙着搬家呢。我问："以她的灵性，教学成绩不会差呀，怎至于到这地步呢？"同学们说："哪儿呀。她整天晃晃悠悠的，也不正儿八经地干工作，连着三年学生成绩都是年级倒数第一的。"

"晃晃悠悠"，真精确。

通常，我们都不大看得起那种生活态度过于郑重其事的人，觉得他们笨，捧枚蛋像捧座山，透着一股子憨蠢；最羡慕那种做人做事潇潇洒洒的，好比白衣胜雪的浪子游侠笑傲江湖，浪漫、诗意。可是，所谓的潇潇洒洒，放在现实生活中，可不就是"晃晃悠悠"，凡事都不放在心上，凡事都觉得稳操胜券，就是一座山，也可以用一根小拇指轻轻钩起，抡出八丈远……

哪有那么便宜的事。只有举轻若重，才轮得到谈笑间对手帆坠橹折；若是颠倒过来，则"晃晃悠悠"、举重若轻的坏习惯如泥草木屑，越积越厚，变成石头，砸肿自己的脚面。所以，哪怕是做小事，也要有一颗郑重的心。

第一六九则

书法之妙，在用墨之得神。姜白石①云："徐季海之渴笔②，如绮筵之素馔，美人之淡妆。"不则痴重淋漓，不免倪思③墨猪④之诮⑤矣。

【注释】

①姜白石：姜夔（kuí）（1154—1221），字尧章，号白石道人，汉族，饶州鄱阳（今江西省鄱阳县）人。南宋文学家、音乐家。终生未仕，转徙江湖，靠卖字和朋友接济为生。他多才多艺，对诗词、散文、书法、音乐，无不精善。姜夔词题材广泛，有感时、抒怀、咏物、恋情、写景、记游、节序、交游、酬赠等。姜夔晚居西湖，卒葬西马塍。有《白石道人诗集》《白石道人歌曲》《续书谱》《绛帖平》等书传世。

②徐季海句：徐季海，即徐浩（703—782），唐朝书法家。字季海，

越州（今浙江绍兴）人。其书最精楷法，圆劲肥厚，自成一家。但拘于法度，稍欠韵致。渴笔：谓笔枯少墨。明·杨慎《丹铅总录·书学·渴笔》："唐·徐浩书张九龄司徒告身，多渴笔。渴笔，枯无墨也，在书家为难。"

③倪思：（1147—1220），南宋湖州归安（今浙江湖州）人，字正甫，号齐斋。南宋孝宗乾道年间进士。淳熙五年（1178）复举博学宏词科。历任礼部侍郎兼直学士院、兵部尚书兼侍读、镇江知府、福州知府等职。著有《班马异同》《经钮堂杂志》等。

④墨猪：书法术语。比喻字体笔画丰肥、臃肿而乏筋骨。因字如墨团，故名。唐朝张彦远《法书要录》引东晋卫夫人《笔阵图》称："多骨微肉者，谓之筋书；多肉微骨者，谓之墨猪。"书写粗笔道的字而不见筋骨，易犯此病。

⑤诮（qiào）：嘲讽。

【译文】

书法的妙处，在于用墨得其神韵。姜白石说："徐浩书法的枯笔，就像华美筵席上的素菜，又像美女化的淡妆。"若不是这样，就会肥重而墨汁淋漓，难免像倪思的字一样，被人讥笑为"墨猪"。

【评点】

书法也如别的艺术一样，讲究肥瘦浓淡之变，不能一味阔大厚重，否则易产生审美疲劳。别的艺术亦如书法一样，要求新求变，不能一味因循，否则亦易产生审美疲劳。高亢嘹亮的革命歌曲唱久了，人们就把"靡靡之音"惊为天人；丰肥痴艳的美女太多了，人们就对单薄瘦小的女子惊为天人；即如衣服而言，唐朝宽阔华丽，到了宋朝就转而严谨素淡，这也是求新与求变。所谓"领异标新二月花"，各个领域都需要打开思路，以领异标新。

第一七零则

论声之韵者，曰："溪声、涧声、竹声、松声、山禽声、幽壑声、芭蕉雨声、落花声、落叶声，皆天地之清籁①，诗肠之鼓吹也。"然销魂之听，当以卖花声②为第一。

【注释】

①清籁：清亮的声音。唐·戴叔伦《听霜钟》诗："虚警和清籁，雄鸣隔乱峰。"这里指自然界清幽的声响。

②卖花声：陆游《临安春雨初霁》有句云："小楼一夜听春雨，深巷明朝卖杏花。"

【译文】

讲到声音的韵味，有人说："溪声、涧声、竹声、松声、山禽声、幽壑声、芭蕉雨声、落花声、落叶声，皆天地之清籁，诗肠之鼓吹也。"不过最为销魂的声响，应当推卖花声为第一。

【评点】

陆游有诗《临安春雨初霁》，看这个诗名，就晓得雨后花开，晴天有人把鲜花折来叫卖，果然就有"小楼一夜听春雨，深巷明朝卖杏花"句。

清朝彭羿仁的词《霜天晓角》也咏卖花："睡起煎茶，听低声卖花。

留住卖花人问：红杏下，是谁家？儿家。花肯赊，却怜花瘦些。花瘦些关卿何事？且插朵，玉钗斜。"好纤细委婉的情致，暗香涌动。

现代作家周瘦鹃写有小令《浣溪纱》，歌咏苏州卖花女的长街叫卖声："生小吴娃脸似霞，莺声嘹呖破喧哗。长街叫卖白兰花。借问儿家何处是？虎丘山脚水之涯，回眸一笑鬓发斜。"

据说杭州卖花声是"嗳嗳兰花～～"，可惜不曾听过。南边地气暖，花开得繁，卖花声在灰瓦白墙、碧流清水环绕的小巷东一声西一声地回荡，真是紫韵红腔，比什么声音都销魂。

第一七一则

生平卖不尽是痴，生平医不尽是癖。汤太史①云："人不可无癖。"袁石公②云："人不可无痴。"则痴正不必卖，癖亦不必医也。

【注释】

①汤太史：汤宾尹，生卒年不详，字嘉宾，号睡庵，别号霍林，安徽宣州人。万历二十三年（1595）榜眼及第，授翰林院编修，南京国子监祭酒。善诗，人论其"文采烂然""以参禅之语而谈诗"。著有《睡庵文集》《宣城右集》《一左集》《再广历子品粹》十二卷等。

②袁石公：即袁宏道。

【译文】

人一辈子卖不尽的是痴迷，一生治不好的是癖好。汤太史说："做人不能没有癖好。"袁宏道说："做人不能没有痴迷的东西。"既然如此，痴迷就不必卖掉，癖好也就不用医治了。

【评点】

张岱曾经说过："人无癖不可与交，以其无深情也；人无痴不可与交，以其无真气也。"说到底，人无完人，不可能时时刻刻中正平和，只讲大义大理，不讲小情小趣。有的人爱花，有的人爱戏，有的人爱书，有的人爱棋，有的人爱石，有的人爱茶……李清照在《金石录后序》中记和赵明诚的雅趣："余性偏强记，每饭罢，坐归来堂烹茶，指堆积书史，言某事在某书某卷第几页第几行，以中否角胜负，为饮茶先后。"这种事情，读来真是有意思。

一个人有点小爱好，就像一树梅花开出了长长斜斜的一枝，映得整个雪地都是活的，梅花树也是活的。人生，就这么活泼泼起来了。

第一七二则

法界甚宽，尽可容横逆①之禽兽；吾心非隘，自足征②忍辱之菩提。卫洗马③云："人有不及，可以情恕；非义相干，可以理遣。"佩此二言，可以使我游于世，亦可以使世游于我。

【注释】

①横逆：横流逆行，谓突破常规，指要赖皮或无理取闹之人。

②征：证实，验证。

③卫洗马：即卫玠（285—312），字叔宝，河东安邑（今山西夏县）人。少有才名，官至太子洗马。其人言辞清丽，相貌非凡，有"看杀卫玠"之典。

【译文】

法界如此宽阔，足够容纳所有横流逆行的禽兽之辈；我心并不狭隘，自然足够证得忍辱的佛法精妙所在。卫玠说："人有不及，可以情恕；非义相干，可以理遣。"记住这两句话，就可以使我自在悠游在尘世，也可以使尘世自在悠游在我心中。

【评点】

天宽地阔，乌飞兔走，世界是多样化的世界，人间是多样化的人间。有忠臣良将，就有奸恶悖逆；有孝子贤孙，就有禽兽儿孙；有忠贞守义，就有变节投敌；有黑就有白，有美就有丑。想想看，如果整个世界都无限美好，所有的人都心地善良，我们生活在一个洁白无瑕的地方，好比天堂，天长日久，也会觉得单调无聊吧。好像这个世界上，黑的存在，是为了证明白；丑的存在，是为了衬托美；绝望的到来，是证明希望随后就到；低谷的产生，是为了预期高峰的雄起。那么，行走人世，难免会遇到凶恶诡诈无耻无聊之人，如果我们不能退一步，只能受到更大的伤害。西方有谚语：如果有人打你的左脸，那就把右脸伸过去一并让他打。说到底，忍辱是一门功夫，修行到家之后，你的内心足够强大，没有什么能够伤害到你，辱又在哪里？自然可以悠游于世；而世相种种，在你的眼里，也不过是小孩子的游戏罢了，而你超脱物外，看花落花开。

第一七三则

黄次山①云："得丧升沉②，尽置十年陈迹；死生契阔③，聊资一笑清欢。"可为达生④。

【注释】

①黄次山：黄彦平（？－1146?），字季岑，号次山，丰城（今属江西）人。宋徽宗政和八年（1118）进士。历任信阳州学教授、池州司理参军，宋钦宗靖康初为太学博士。宋高宗建炎初迁吏部员外郎、提点荆湖南路刑狱等职。著有《三余集》。

②得丧升沉：得到与失去，升官与降职。

③死生契阔：出自诗经，意为无论生死我们都要在一起，这是我们当初早已说好的约定。契阔：久别。《后汉书·独行传·范冉》："奂曰：'行路仓卒，非陈契阔之所，可共到前亭宿息，以叙分隔。'"

④达生：参透人生。《庄子·达生》："达生之情者，不务生之所无以为。"

【译文】

黄彦平说："得失升降，把它们都看作是十年前的旧事；生死离合，权且当作笑料一笑置之。"这样的做法，可说是参透了人生。

【评点】

人这一辈子，必得经受世情洗礼，大荣大辱，大喜大悲，大失大得，大活大死。若是将这些剐割心绪的事件都当作旧年陈迹一笑置之，又当作酒兴谈资轻描淡写，那么这个人就真的是活明白了。

其实，又何必活得不明白呢？大辱当头，挣扎不如不挣扎；大荣当头，得意不如不得意；大喜当头，轻狂不如不轻狂；大悲当头，哭也便哭了，笑还是要笑起来；大失当头，想一想世间除死无大事，就没有什么可算失去的了；大得当头，倒不如祭起"塞翁得马，焉知非祸"的旗；大活当头，那便好好享受活着的空气和水；大死当头，就当归家。这样一来，就当把生命当作一次旅行，每一次经历，都丰满了它的羽翼，岂不是好？

第一七四则

才人经世①，能人取世，晓人逢世，名人垂世，高人出世，达人玩世。宁为随世之庸愚，无为欺世之豪杰。

【注释】

①才人经世：有才能的人治理国事。才人，有才能的人。经世，治理国事。

【译文】

有才能的人治理国事，能干的人从世间取得自己所需，洞明世事的人可以在世上应对自在，有名气的人可以被世人传扬，志向高远的人可以在世外悠游，通达的人可以把玩世相。宁可做随同世情的庸人愚辈，也不要做欺世盗名的所谓豪杰。

【评点】

这个世界上有各种各样的人。有的人深怀儒家的用世思想，以建功立业、封妻荫子、光宗耀祖为终极目标；有的人钟爱老庄的出世思想，以悠游世界，解放人性，追求自由为最高理想；有的人又对佛家的超凡出尘情有独钟，抛家别子，遁入空门。有的人娄取财货，堆积如山；有的人清净洁白，一毫不受；有的人行事不端，专门钻社会规则的空子，玩弄聪明；有的人做人端方，横平竖直；有的人玩世不恭。这本来就是一个多样化的世界，自然也是多样化的人间，在不祸国殃民的前提下，允许任何思想存在，也允许任何行为发生。最怕的就是欺世盗名之辈，打着崇高的旗号，膨胀一己之私欲，祸害天下的百姓。比如当年的王莽，最初装出一副忠臣良将的模样，逐渐露出篡权窃国的狼子野心，燃起烽火硝烟，想树一己大旗，最终落得万世唾骂。所以作者才说，宁可做随波逐流的庸人，也不要做这种欺世盗名的所谓豪杰。有道是：平平淡淡才是真。

第一七五则

天下无不好谀①之人，故谄之术不穷；世间尽是善毁之辈，故谗之路难塞。

【注释】

①谀：谄媚，奉承。

【译文】

世界上没有不爱听阿谀奉承话的人，所以谄媚奉承人的方法无穷无尽；世界上到处都是善于诋毁他人之辈，所以谗言毁人的道路难以杜绝。

【评点】

人人都爱被奉承，所以谄媚之术就从未断绝。楚王好细腰，宫人就不吃饭以使自己腰细不盈一握，这不是谄媚之术是什么？

春秋时期，齐桓公说没吃过人肉，易牙就杀子烹煮进献，从此备受宠幸。委以高官，大权在握。

西汉后期，王莽父亲早死，家道衰落，王莽姑母元后和叔父王凤掌握朝中实权，于是他在王凤有病时，"侍疾，亲尝药，乱首垢面，不解衣带连月"，很快就"拜为黄门郎，迁射声校尉"。

汉文帝生有毒疮，宠臣邓通"常为上嗽吮"疮脓，于是"官至上大夫"，并得到文帝赏赐的铜山，允许自铸钱，于是"邓氏钱布天下"。

唐朝成敬奇去探望患病的宰相姚崇，涕泪纵横，不胜悲痛。接着，从怀中掏出许多活鸟，请姚崇一一放生，他念念有词："愿令公速愈。"正直的姚崇"忿其谀媚"，事后不屑一顾地对人说："此泪亦何从而来？！"

唐朝宰相萧至忠，为了巴结当权的韦后，将自己死去的女儿"嫁"给韦后的亡弟。宫廷政变，韦后败亡，萧至忠"遽发"韦氏坟墓，"持其女柩归"。

唐女皇武则天喜好男宠，官员柳模就夸儿子"洁白美须眉"，自愿进献给武则天。官员侯祥自荐供女皇享用。男宠张昌宗生得漂亮，人称"六郎"。人们纷纷赞他美若莲花，"为人佞而智"的宰相杨再思却说："人言六郎似莲花，非也；正谓莲花似六郎耳。"

后晋石敬瑭为了讨好契丹族，不仅割让了幽、云十六州的土地，并且45岁却自认"儿皇帝"，认34岁的契丹君主耶律德光为"父皇帝"。

北齐佞臣和士开权倾朝廷，"富商大贾朝夕填门，朝士不知廉耻者多相附会，甚者为其假子"。和士开病，要服"黄龙汤"。"黄龙汤"者，粪便汁也。和士开无法下咽，有谄媚者"请为王先尝之"，端起"黄龙汤"，"一举便尽"。

北宋丁谓出自宰相寇准门下，后官至参政。"尝会食中书，羹污（寇）准须。（丁）谓起，徐拂之。（寇）准笑曰：'参政，国之大臣，乃为官长拂须邪？'"

《大唐新语》中记载：御史大夫魏元忠患病，众僚属登门探视。侍御史郭霸"独后"，"请视（魏）元忠便液"。"视"而不足，又"固请尝之"。尝后道喜："大夫泄（尿液）味甘，或难廖，而今味苦矣，即日当愈。"

清人石成金所撰的《笑得好》中，记录了这样一则笑话：某秀才善谀，恰逢县宫"忽撒一屁"，秀才拱揖进辞："太宗师高耸金臀，洪宣宝屁，依稀乎丝竹之音，仿佛乎麝兰之香，生员立于下风，不胜馨香之至。"

如此种种，谄媚阿谀，不胜枚举。献媚于人的，是要有求于人，以至有害于人；纳谀词媚举的，是享受这种被人吹捧的快感，却不知道祸患将要临头。《训蒙增广改本》有云："谗言不可听，听之祸殃结。君听臣遭诛，父听子遭灭。夫妇听之离，兄弟听之别。朋友听之疏，亲戚听之绝。"怎么能不警惕起来呢？

第一七六则

"媚"字极韵。但出以清致①，则窈窕②具见风神③；附以妖娆④，则做作毕露丑态。如"芙蓉媚秋水""绿筱媚清涟"，方不着迹。

【注释】

①清致：清丽雅致。

②窈窕：美丽娴静的样子。

③风神：风采、精神。

④妖娆：此处指搔首弄姿，故作姿态。

【译文】

"媚"这个字极具风韵，只要是用在清丽雅致的地方，就会尽显风致神采；如果用在风骚妖冶之处，就会矫揉造作，丑态毕露。像"芙蓉媚秋水""绿筱媚清涟"这样的诗句，才显得不露痕迹，天衣无缝。

【评点】

一个"媚"字，既可以正着理解，也可以反着理解，这就是汉字的精妙之处。像这样正语反说，反语正说，很多都能收到奇妙的效果，比如《红楼梦》里的咏白海棠诗句"偷来梨蕊三分白"，将白海棠比作小偷，妙趣横生；还有"最喜小儿无赖，溪头卧剥莲蓬"，"无赖"也是贬义，此处却形容小孩的娇憨，实在可爱可怜。

所以无论作诗填词还是写文章，思路跳脱，才能笔底生春。若是一味拘泥，就显得僵硬无趣。

第一七七则

买笑易，买心难。

【译文】
买脸上的欢笑容易，买心头的真情难。

【评点】
人爱钱，所以你给了钱，人家就会给你满脸堆出笑来，不独青楼女妓，世人大多如此。可是钱虽是好的，却不见得能买到真情。真情是要以真情相待，真心是要拿真心来换。唯有你真心对他，他的真心才能够交付与你。所以金钱也有办不到的事情，这也是有钱人的无奈。

第一七八则

逃暑深林，南风逗树。脱帽露顶，浮李沉瓜。火宅炎宫，莲花忽迸。较之陶潜卧北窗下，自称羲皇上人①，此乐过半矣。

【注释】

①羲皇上人：伏羲氏以前的人，即太古的人。比喻无忧无虑、生活闲适的人。羲皇，指伏羲氏。陶渊明《与子俨等疏》："常言：五六月中，北窗下卧，遇凉风暂至，自谓是羲皇上人。"

【译文】

为了逃避酷暑，深入山林，南风逗留在树梢。脱下帽子，露出头顶，凉凉的溪水里浸着李子和瓜，载浮载沉。此种境界，好比火宅炎宫一样的天气，忽然开出清凉的莲花。和陶潜的卧于北窗之下，自称上古之人相比，这种生活更是乐趣多多啊。

【评点】

赤日炎炎，挥汗如雨。这个时节，如果能够逃暑深林，沐风脱帽，吃浮瓜沉李，确实是舒爽至极。只是如今人稠地窄，人又事务缠身，想要如此尽兴怕是不大容易。不过也不要紧，心静处处凉。只要淡了争长竞短的心思，少了患得患失的忧虑，多一点看云看风的闲情，还怕凉风不从天外来、不从心底来？

第一七九则

合升斗①之微，以满仓廪②；合疏缕③之纬，以成帷幕。则片语只言，亦可收为一时腹笥④；朝披⑤夕揽，岂难蓄为两脚书厨。

【注释】

①升斗：容量单位。十合为升，十升为斗。《汉书·律历志上》："量者，龠、合、升、斗、斛也，所以量多少也。"《三国志·魏志·常林传》："林乃避地上党，耕种山阿。当时旱蝗，林独丰收，尽呼比邻，升斗分之。"此处借指少量的米粮、口粮。

②仓廪：储藏米谷之所；仓：谷藏曰仓。廪：米藏曰廪。

③疏缕：稀疏的丝缕。

④腹笥：语出《后汉书·边韶传》："边为姓，孝为字，腹便便，五经笥。"笥，书箱。后因称腹中所记之书籍和所有的学问为"腹笥"。

⑤披：即披阅，意思是翻看（书籍），展卷阅读。

【译文】

把一升一斗的粮食集中起来，也能够装满巨大的仓廪；把一丝一缕稀疏的棉纱连缀编织起来，也能够织成广大的帷幕。那么片语只言，也可以收集起来，盛在腹内；每天早晚坚持阅读，怎么会蓄不满自己这两脚的书橱？

【评点】

古人说："不积跬步，无以至千里；不积小流，无以成江海。"民间俗话又说："饭要一口一口吃。"做任何事都不能急躁，不能急功近利，只能踏踏实实、耐耐心心、一点一滴、锱铢积累，才能够成就大业。

第一八零则

无根器①者，不可与谈道；无灵心者，不可与论文。故修慧是人生第一义。

【注释】

①根器：佛教语。指人的禀赋、气质。唐·李华《润州鹤林寺故径山大师碑铭》："群生根器，各各不同。"

【译文】

没有慧根的人，不能和他谈经论道；没有灵性的人，不能和他谈诗论文。所以修习智慧是人生的第一要义。

【评点】

人生就是一场修炼。

人甫一降生，灵性纯真。随着年龄渐长，世味渐尝，灵性也逐渐被浮尘蒙蔽，整个人也变得世俗、功利。要想让灵性重新焕发光彩，就要坚持修习，增长智慧。多读书、勤反思、行善举、利他人，种种的事情做下来，就会发现自己进到一个深邃的所在，那里有着真、善、美。

第一八一则

《西游记》一部定性①书，《水浒传》一部定情②书。勘透方有分晓③。

【注释】

①定性：此处指令人凝定心性，导入正轨，不再想入非非，心猿意马。

②定情：此处指表现人与人之间的情义。

③勘透：深刻领会。勘，察看。分晓：清楚，明白。

【译文】

《西游记》是一部能够使人凝心定性的书，《水浒传》是一部表现人与人之间真情义的书。只有读透了它们，才能领略到它们的要旨。

【评点】

《西游记》的主角是孙悟空，他本是一只野性难驯的猴子，上天入地，翻江倒海，敢下幽冥挑阎王，敢上九天欺玉帝。后来跟随唐僧去西天取经，一开始也是不肯驯服，一味惹祸，逼得唐僧不断地给他念紧箍咒；逐渐地，他就变得安静下来，甚至开始讲说佛法。

那日唐僧四众行至一座高山，唐僧心惊，发生了一场师徒对话。悟空问："师父，你好是又把乌巢禅师《心经》忘记了也？"三藏道："《般若心经》是我随身衣钵。自那乌巢禅师教后，那一日不念，那一时得忘？颠倒也念得来，怎会忘得！"行者道："师父只是念得，不曾求那师父解得。"三藏说："猴头！怎又说我不曾解得！你解得吗？"行者道：

"我解得，我解得。"自此，三藏、行者再不作声。

——好玄妙的"再不作声"，因为师徒二人两心照印，是真的各自解得玄秘奥妙的《心经》，好比佛陀的拈起一枝花来，不说话；大弟子迦叶也不说话，只是笑了一下。

从这时开始，孙悟空保着唐三藏历经磨难，也把自己的心性打磨得琉璃净透，端庄稳重，心也得凝，性也得定。这个正果，不是说封了"斗战胜佛"之后才算是得了，而是现在还在和魔斗战不休的时候，已经得了。

人的一生，也好比一只猴子的闹天宫，无限野心；长大成人后，迫不得已遵从种种社会规则，但是一颗心仍旧野性难驯，被社会屡屡教训；到后来，参透了世事，洞明了人情，晓得了万法唯心造，智慧升起，终于凝心定性。

《水浒传》里个性迥异的一百单八将，走过不同的人生道路，经历相异的人生际遇，最终会合在一起。在这片乱世江湖里，一次次战争就是一个个的大戏场，上场的是兄弟守望相助、同生共死的感情戏码。宋江带领的水浒众将受了朝廷招安，却屡受奸臣欺负。奸臣又防宋江作乱，干脆要将他下毒害死。他服了毒酒，觉得身体沉重，又挂念在别处做官的李逵，若得知这种情况，必定造反作乱，于是把李逵诓来，骗他也服下毒酒，然后告知真相，李逵垂泪道："罢，罢，罢！生时伏侍哥哥，死了也只是哥哥部下一个小鬼！"回到任上，果然毒发身死，临死嘱咐从人："我死了，可千万将我灵枢去楚州南门外蓼儿和哥哥一处埋葬。"读到此处，怎不泪下？这种兄弟情分，在书里随处可见，《水浒传》着实是一部定情书。

人的情、性如风卷柳絮，起伏难定。若是能够勘透两本书的主旨，以此为模范，学着定性、定情，便能够在世间行走沉稳，行事不谬误乖张，出离真性情。

第一八二则

西伯泽及枯骼，而大老双归①；燕昭价重死骨，而骏马三至②。德之感人，深于招徕③。士之相投，不在征召④。

【注释】

①"西伯"二句：西伯，周文王姬昌。大老，德高望重的老人。《孟子·离娄上》："二老者，天下之大老也。"《史记·周本纪》："（西伯）笃仁、敬老、慈少、礼下贤者，日中不暇食以待士，士以此多归之。伯夷、叔齐在孤竹，闻西伯善养老，盍往归之。"

②"燕昭"二句：燕昭，即战国时燕昭王。《战国策·燕策一》记载，郭隗以马为喻说古代君王悬赏千金买千里马三年后得一死马，用五百金买下马骨，于是不到一年得到三匹千里马。劝说燕昭王若能真心求贤，贤士将闻风而至。

③招徕：招揽，招引到自己面前来。

④征召：征求召集。

【译文】

周文王把恩泽施到已死之人的身上，而年高德厚的伯夷、叔齐双双前来投奔；燕昭王出重金购买已死骏马的马骨，而活的骏马一年之内来了三匹。用德行来感动别人，比出重金招徕别人更有效。士人来此投奔，并不在你用重金征求召集的缘故。

【评点】

战国时期，群雄争霸，有齐国孟尝君、魏国信陵君、赵国平原君、楚国春申君，"四公子"皆礼贤下士，以广人脉。孟尝君更是门下食客三千，甚至不乏鸡鸣狗盗之徒。其中有一个叫冯谖的人，吃白饭还挑三拣四，一到吃饭的时候就弹剑而歌："长铗归来乎，食无鱼。"有人报告给孟尝君，孟尝君说：那就给他上鱼。结果他贪心不足，出差的时候又弹剑而歌："长铗归来乎，出无车。"有人报告给孟尝君，孟尝君说：那就给他配车。谁想他贪得无厌，又弹剑而歌："长铗归来乎，无以为家。"有人报告给孟尝君，"左右皆恶之，以为贪而不知足"。孟尝君却问："冯公有亲乎？"对曰："有老母。"他便派人送去食物用品，并不断供给。从此以后，冯谖便不再发牢骚，义无反顾为孟尝君效力。

冯谖为孟尝君效力，未必一定是感于他的吃上了鱼，坐上了车，但是一定感恩于孟尝君对他的仁义相待，替他奉养老母。所以说虽然世人重利，其实每个人的心里，更看重的仍旧是恩德情意。就像孙悟空千辛万苦保唐僧西天取经，也是感恩于唐僧把他从五指山下解放出来，此后又同生共死、相濡以沫的恩情。以力服人，终究比不上以德服人；以金银招揽人才，终究比不上以德义吸纳人才。

第一八三则

君子之狂，出于神；小人之狂，纵于态。神则共游而不觉，态则触目而生厌。故箕子之披发①，灌夫之骂座②，祸福不同，皆狂所致。

①箕子：名胥余，殷商末期人，是文丁的儿子，帝乙的弟弟，纣王的叔父，官太师，封于箕（今山西太谷一带）。箕子佐政时，见纣王进餐必用象箸，感纣甚奢，叹曰："彼为象箸，必为玉杯，为杯，则必思远方珍怪之物而御之矣，舆马宫室之渐自此始，不可振也。"后商纣王暴虐无道，整天酗酒淫乐而不理政，箕子苦心谏阻，纣王不听，有人劝箕子离去，箕子曰："为人臣，谏不听而去，是彰尹之恶而自悦于民，吾不忍也。"于是箕子便披发佯狂为奴，随隐而鼓琴以自悲。纣见此，以为箕子真疯而囚禁之。后来周武王灭了纣王，箕子便趁乱逃往箕山（今陵川棋子山）隐居。

②灌夫：（？—前131），字仲孺，颍川郡颍阴（今河南省许昌市）人。本姓张，因父亲张孟曾为颍阴侯灌婴家臣，赐姓灌。西汉人，历任中郎将、太仆等官职。《史记·魏其武安侯列传》载，灌夫为人刚直，好饮酒。与丞相田蚡有隙。在一次列侯宗室为田蚡贺喜的酒宴上，使酒骂座语讥田蚡，最终为田蚡陷害致死。后世用"灌夫骂座"，指酗酒任性而骂人，亦表示刚直不屈，不阿谀曲奉权势。

【译文】

君子的狂放体现在精神气质上，小人的狂放暴露在态度外表。气质上的狂放可以令人心领神会，与他共游，而不觉得这种气质的突兀倔强；态度外表的狂放让人看在眼里而心生厌恶。所以箕子披头散发佯狂，最终逃入深山，可得延年；灌夫仗着酒醉宴前对田蚡出语相讥，最终被田蚡陷害致死。两个人祸福不同，却都是因为使狂的结果。

【评点】

钱钟书外表给人感觉谦虚温和、温柔无害，实则骨子里十分狂悍。

1933 年夏，钱钟书清华将毕业，外文系的教授都希望他进研究院继续研究英国文学，他一口拒绝，说："整个清华没有一个教授够资格当钱某人的导师。"1938 年钱钟书从欧洲返国，西南联大聘他为外文系正教授，当时他只有 28 岁，是破格聘用。但是他只教了一年即离开，并且扬言："西南联大外文系根本不行，叶公超太懒，吴宓太笨，陈福田太俗。"1980 年后，法国和美国很多著名大学邀请他去讲学，他都拒绝，说："七十之年，不再江湖了。"

不过，他的狂有道理，他自己就是刻苦用功、立身直正的通学大儒，所以世人包容他的狂而敬仰他的德与才。

一种狂是流氓之狂，胸无点墨，身有文身，走路晃着膀子，看人睐着眼子，说话喷着沫子，觉得所有人都是孙子，只有他自己是老子。还有一种狂是小人之狂，仗着背有靠山，一味假痴不癫，说话眼睛上翻，做事只肯认钱。这种种之狂，都是无骨之狂，一味卖弄狂态，极端可厌。流氓之狂，遇强则萎；小人之狂，势尽则萎。唯有这君子之狂，狂得有味。